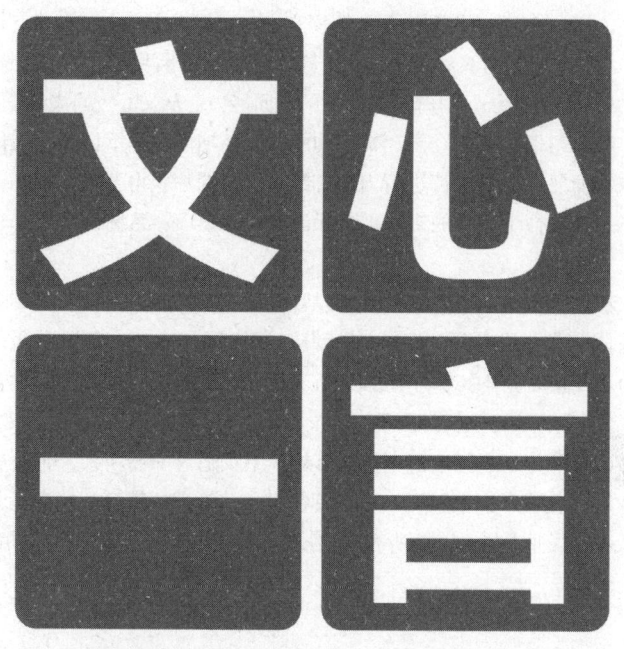

文心一言

AI助手高效办公技巧大全

柏先云 ◎ 编著

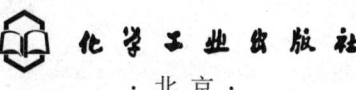

·北京·

内 容 简 介

本书通过文心一言在10个场景的应用、135个实战案例、135个AI提示词分享、145个素材与效果文件赠送、180分钟教学视频讲解，解锁文心一言AI助手的无限潜能，助力每一位职场人士实现工作效率与职业能力的双重飞跃！书中具体内容分以下两条线介绍。

一是"文心一言技能线"：解锁AI助手的全面能力。从文心一言电脑版与文小言App的基础操作入手，详细介绍了注册与登录、常用功能、特色功能、提示词编写与优化技巧等，无论是通过对话获取AI回复、上传文档进行内容总结、上传图片获得营销文案，还是通过智能体进行办公提效，本书都进行了详尽的讲解，确保读者能够全面、系统地掌握文心一言AI工具的应用精髓。

二是"行业案例线"：覆盖多领域的实战应用。本书特色在于其丰富的行业案例解析，从职场办公到自媒体运营，从产品运营到市场营销，再到企业管理、数据分析、老师教学、公文写作、编程辅助及直播带货等多个场景或领域，每个章节均配以实际案例，详细阐述了如何在各个不同的场景中有效利用文心一言AI助手，解决实际工作中的难题，提升工作效率与业绩。

本书内容讲解精辟，实例丰富多样且有趣，不仅适合职场新人、企业中高层管理者、自由职业者与创业者，也适合文案编辑、市场营销、行政管理、教育、电商运营、技术研发、金融投资等各个领域的从业人员，以及所有对AI技术感兴趣的读者，还可作为相关学校的教材。

图书在版编目(CIP)数据

文心一言：AI助手高效办公技巧大全 / 柏先云编著.
北京：化学工业出版社，2025.5. -- ISBN 978-7-122-47568-8

Ⅰ. TP317.1

中国国家版本馆CIP数据核字第2025TJ1274号

责任编辑：吴思璇　张素芳　　　　　　　　封面设计：异一设计
责任校对：宋　夏　　　　　　　　　　　　装帧设计：盟诺文化

出版发行：化学工业出版社（北京市东城区青年湖南街13号　邮政编码100011）
印　　装：河北延风印务有限公司
710mm×1000mm　1/16　印张13¼　字数261千字　2025年7月北京第1版第1次印刷

购书咨询：010-64518888　　　　　　　售后服务：010-64518899
网　　址：http://www.cip.com.cn
凡购买本书，如有缺损质量问题，本社销售中心负责调换。

定　　价：59.80元　　　　　　　　　　　　　　　　　版权所有　违者必究

序言 | 用AI赋能职场，共绘未来新蓝图

★ 职场困境

在这个数字化时代，职场中的每个人都在追求更高的工作效率和更好的工作成果。然而，人们常常面临着文档处理烦琐、数据分析复杂、时间管理不当、创意枯竭等职场痛点和困境。下面是一些常见的职场痛点与困境。

① 文档处理烦琐：撰写报告、制度、会议纪要、产品说明书等文档时，需要花费大量时间和精力进行构思、撰写和修改，常常感到力不从心。

② 数据分析复杂：面对海量的数据，如何进行有效的分析、解读和预测，为决策提供有力支持，成为职场人士的一大难题。

③ 时间管理不当：会议安排、任务分配、进度跟踪、营销计划等时间管理工作烦琐、复杂，容易导致时间浪费和效率低下。

④ 创意枯竭：在撰写文案、策划活动、营销软文、直播带货脚本时，常常感到创意不足，难以创作出具有吸引力的内容。

⑤ 技能提升瓶颈：在快速变化的市场环境中，职业技能的更新与提升显得尤为重要，但许多人缺乏有效的学习工具。

★ 写作原因

在快节奏的职场环境中，高效办公已成为每一位职场人士必须掌握的核心竞争力。然而，面对烦琐的文档处理、复杂的数据分析、紧张的会议安排，以及不断变化的客户需求，人们时常感到力不从心。如何在有限的时间内提升工作效率，减少重复劳动，将精力集中在更具创造性的任务上，成为职场高效办公的痛点所在。

正是基于这样的背景，本书应运而生。本书旨在通过AI赋能，帮助大家掌握高效办公的新技能，让AI助手成为你职场路上的得力伙伴。文心一言作为一款功能强大的AI助手，能够根据用户的需求，快速生成文档、分析数据、提供建议，极大地提升用户的工作效率。

★ 本书特色

本书通过14大专题，引导读者掌握使用文心一言AI助手高效办公的技巧，帮助职场人士从烦琐的任务中解脱出来，实现工作效率与质量的双重飞跃。本书特色如下。

① 10大场景深度应用，全面覆盖职场领域：本书不仅讲解了文心一言的使用方法，还结合职场中的实际场景，提供了大量的实战案例，从职场办公到自媒体运营，从产品运营到市场营销，从企业管理到数据分析，无论是哪个行业的职场人士，都能在这本书中找到适合自己的应用场景和解决方案，实现职场能力的全面提升。

②135个实战案例，理论结合实践，即学即用：为了确保内容的实用性和可操作性，本书精心收集了135个来自真实职场环境的实战案例。这些案例涵盖了从日常办公任务到复杂项目管理的方方面面，让读者能够直观地理解文心一言AI助手在实际工作中的应用场景和效果。部分案例还附有提示词和技巧总结，让读者在学习的同时，能够迅速将理论知识转化为实际行动力，实现即学即用，快速提升工作效率。

③180分钟教学视频，直观演示，轻松掌握：除了丰富的图文内容，本书还配套了同步教学视频资源，采用直观演示的方式，详细讲解了文心一言AI助手的各项功能、操作技巧，以及在不同行业中的应用实例。通过观看视频，读者可以更加直观地了解文心一言的使用方法，掌握关键操作步骤和注意事项，确保学习效果的最大化。

★ 温馨提示

①版本更新：在编写本书时，是基于当前文心一言的网页平台和文小言App的界面截取的实际操作图片，但本书从编辑到出版需要一段时间，文心一言的功能和界面可能会有变动，请在阅读时，根据书中的思路，举一反三，进行学习。其中，文小言App的版本为4.3.0.10。

②提示词：也称为文本提示（或提示）、文本描述（或描述）、文本指令（或指令）、关键词或"咒语"等。需要注意的是，即使是完全相同的提示词，AI模型每次生成的内容都会有差别，这是模型基于算法与算力得出的新结果，是正常的，所以大家看到书里的截图与视频有所区别，包括大家用同样的提示词，自己在制作时，生成的内容也会有差异。因此，在扫码观看教程视频时，读者应把更多的精力放在提示词的编写和实操步骤上。

★ 资源获取

如果读者需要获取书中案例的素材、效果或其他资源，请使用微信或QQ的"扫一扫"功能扫描下列二维码即可。

素材效果及其他资源

★ 作者声明

本书由柏先云编著，参与编写的人员还有胡杨、柏品江等人，在此表示感谢。由于编著者知识水平有限，书中难免有疏漏之处，恳请广大读者批评、指正。

目　录

第1章　文心一言电脑版的核心功能 ·············· 001

1.1　了解文心一言 ·············· 002
- 1.1.1　文心一言是什么 ·············· 002
- 1.1.2　注册并登录文心一言电脑版 ·············· 003

1.2　使用文心一言电脑版的常用功能 ·············· 005
- 1.2.1　通过对话获得AI的回复 ·············· 005
- 1.2.2　通过示例模板快速获得AI回复 ·············· 006
- 1.2.3　重新新建一个对话窗口 ·············· 008
- 1.2.4　上传文档批量点评小学生作文 ·············· 010
- 1.2.5　从网盘上传文件至文心一言 ·············· 012
- 1.2.6　上传并解析图片内容 ·············· 015
- 1.2.7　提取网页中的关键信息 ·············· 016
- 1.2.8　创建自己常用的AI指令 ·············· 018
- 1.2.9　通过收藏功能调用指令 ·············· 020

1.3　管理文心一言对话的历史记录 ·············· 023
- 1.3.1　搜索历史记录 ·············· 023
- 1.3.2　删除历史记录 ·············· 025
- 1.3.3　一键置顶历史记录 ·············· 026
- 1.3.4　修改历史对话标题 ·············· 027

第2章　文小言App的核心功能 ·············· 028

2.1　下载与登录文小言App ·············· 029
- 2.1.1　下载、安装并登录文小言App ·············· 029
- 2.1.2　了解文小言App界面中各板块的功能 ·············· 030

2.2　使用文小言App的常用功能 ·············· 032
- 2.2.1　通过对话获得AI的回复 ·············· 032

2.2.2 开启语音播报模式 ·· 033
  2.2.3 通过语音与AI进行交流 ·· 035
  2.2.4 上传图片获得营销文案 ·· 037
  2.2.5 上传文档总结核心内容 ·· 038
  2.2.6 快速搜索感兴趣的内容 ·· 040
 2.3 使用文小言App的特色功能 ·· 041
  2.3.1 自由订阅AI最新资讯 ·· 041
  2.3.2 使用拍照问答获得信息 ·· 043
  2.3.3 使用拍照搜题获得答案 ·· 045
  2.3.4 使用写作帮手快速获取文案 ·· 046
  2.3.5 使用AI修图一键去除照片杂物 ·· 047
  2.3.6 通过打电话与AI直接沟通 ·· 050

第3章 提示词的编写和优化技巧 ·· 052

 3.1 智能生成文心一言的提示词 ·· 053
  3.1.1 一键生成热门提示词 ·· 053
  3.1.2 利用"场景"自动生成提示词 ·· 054
  3.1.3 利用"职业"自动生成提示词 ·· 056
  3.1.4 使用智能体中的提示词模板 ·· 058
  3.1.5 利用文心一言自动生成提示词 ·· 060
 3.2 编写文心一言提示词的技巧 ·· 062
  3.2.1 明确文心一言提示词的主题 ·· 062
  3.2.2 设计具体、贴切的提示词 ·· 063
  3.2.3 在提示词中加入限定语言 ·· 064
  3.2.4 让文心一言模仿语言风格 ·· 065
  3.2.5 提供案例让文心一言参考 ·· 066
  3.2.6 让文心一言生成表格回复 ·· 067
  3.2.7 给文心一言指定具体身份 ·· 068
  3.2.8 在提示词中指定目标受众 ·· 069
 3.3 对文心一言进行高效提问的方法 ·· 070
  3.3.1 通过指定数字进行高效提问 ·· 070
  3.3.2 指定第一人称视角增加代入感 ·· 071

3.3.3　加入种子词激发模型的无限创意 ················· 073
　　3.3.4　通过指令模板生成特定内容 ···················· 074
　　3.3.5　设定输出框架获得精准内容 ···················· 075
　　3.3.6　给出多个选项让AI做出决策 ··················· 076
　　3.3.7　提供上下文获得针对性回复 ···················· 077

第4章　应用智能体进行办公提效 ························· 079

4.1　应用文心一言电脑版智能体 ························ 080
　　4.1.1　热点体育智能体 ····························· 080
　　4.1.2　说图解画智能体 ····························· 081
　　4.1.3　AI面试官智能体 ···························· 083
　　4.1.4　AI绘画提示词生成器 ························· 085
　　4.1.5　PPT助手智能体 ···························· 086
　　4.1.6　E言易图智能体 ····························· 088
　　4.1.7　驾考导师智能体 ····························· 090
　　4.1.8　百科同学智能体 ····························· 091

4.2　应用文小言App智能体 ··························· 092
　　4.2.1　AI全能写作助手智能体 ······················· 093
　　4.2.2　LOGO设计智能体 ··························· 095
　　4.2.3　论文大纲生成智能体 ························· 096
　　4.2.4　文本润色智能体 ····························· 098
　　4.2.5　文章扩写智能体 ····························· 099
　　4.2.6　工作计划智能体 ····························· 101
　　4.2.7　爆款文案标题智能体 ························· 102
　　4.2.8　公文达人智能体 ····························· 104

第5章　场景1：成为职场办公快手 ······················· 106

5.1　生成工作计划 ································· 107
5.2　生成工作日报 ································· 109
5.3　生成实习日志 ································· 111
5.4　生成招聘信息 ································· 112
5.5　生成培训课件 ································· 113

5.6 生成考勤制度 ··· 114
5.7 生成会议纪要 ··· 115
5.8 生成HR面试问题 ·· 116

第6章 场景2：成为自媒体运营达人 ·· 118
6.1 生成自媒体文章的创意标题 ·· 119
6.2 生成短视频的配乐建议 ·· 120
6.3 生成一段产品故事情感文案 ·· 121
6.4 提供自媒体账号运营技巧 ··· 122
6.5 生成吸引人的朋友圈文案 ··· 123
6.6 生成转化率高的公众号文章 ·· 124
6.7 生成小红书种草文案 ··· 125
6.8 策划自媒体账号互动活动 ··· 126

第7章 场景3：成为产品运营的能手 ·· 127
7.1 撰写产品说明书 ··· 128
7.2 撰写一份产品方案 ·· 129
7.3 制订品牌推广计划 ·· 130
7.4 制定产品活动运营方案 ·· 131
7.5 生成产品运营对策 ·· 132
7.6 生成一份产品调研问卷 ·· 133
7.7 设计用户参与活动 ·· 134
7.8 制作产品市场调研报告 ·· 135

第8章 场景4：成为市场营销的行家 ·· 137
8.1 撰写市场营销计划 ·· 138
8.2 生成营销活动标语 ·· 139
8.3 生成产品营销软文 ·· 140
8.4 设计产品发布会活动方案 ··· 141
8.5 撰写营销活动的邮件 ··· 142
8.6 生成4P营销分析方案 ·· 143
8.7 制定社交媒体营销策略 ·· 144

8.8	分析市场反馈与调整策略	145

第9章　场景5：成为企业管理的高手 …… 147

9.1	生成现金流分析思路	148
9.2	生成财务分析报告	149
9.3	财务尽职调研策略	150
9.4	制定有效的企业战略	151
9.5	建立高效的团队管理模式	152
9.6	撰写企业文化建设方案	153
9.7	领导力发展与员工激励	154
9.8	给出公司运营降本建议	155

第10章　场景6：成为数据分析的精英 …… 156

10.1	搜索产品市场数据	157
10.2	设计数据可视化图表	158
10.3	创建用户画像与细分	159
10.4	分析用户行为数据	160
10.5	解读数据趋势与洞察	161
10.6	A/B测试设计与分析	162
10.7	撰写数据分析报告	162
10.8	分析平台数据并调整策略	163

第11章　场景7：成为教师的得力助手 …… 165

11.1	设计课程大纲	166
11.2	制定教学建议	167
11.3	生成教学课件	168
11.4	设计课堂活动	169
11.5	推荐教学工具	169
11.6	设计学习方案	170
11.7	生成家长沟通模板	171
11.8	增加课堂互动的方法	172

第12章 场景8：成为公文写作的专家 174

- 12.1 生成演讲稿 175
- 12.2 生成授权书 176
- 12.3 生成放假通知 177
- 12.4 生成商务信函 178
- 12.5 生成述职报告 180
- 12.6 生成请示公文 181
- 12.7 生成批复公文 182
- 12.8 生成员工守则 183

第13章 场景9：成为编程辅助的帮手 184

- 13.1 解释编程的概念与术语 185
- 13.2 自动生成Python代码 186
- 13.3 补全相关代码内容 187
- 13.4 对代码进行详细注释 188
- 13.5 解决代码中的常见问题 189
- 13.6 将代码翻译为JavaScript语言 190
- 13.7 修正代码中的漏洞或错误 191
- 13.8 提供编程学习资源与教程 192

第14章 场景10：成为直播带货大咖 194

- 14.1 生成直播带货脚本 195
- 14.2 策划直播活动的主题与内容 196
- 14.3 设计精彩的产品展示环节 197
- 14.4 创建吸引观众的开场白 198
- 14.5 生成促销活动和优惠策略 199
- 14.6 提升直播互动率与观众参与感 200
- 14.7 制订后续宣传与跟进计划 201
- 14.8 分析竞争对手的直播策略 202

第1章 文心一言电脑版的核心功能

　　文心一言，作为人工智能技术前沿的杰出代表，不仅承载着深厚的知识底蕴，更致力于将智能的便利与高效融入每一位用户的生活与工作中。本章将为大家详细介绍文心一言电脑版的核心功能，通过这些强大的人工智能（Artificial Intelligence，AI）功能，可以大大优化人们的工作流程，从而在繁忙的工作中达到前所未有的效率与成就。

1.1　了解文心一言

文心一言是百度公司研发的知识增强大语言模型，能够与人对话互动、回答问题、协助创作，高效、便捷地帮助人们获取信息、知识和灵感。本节将介绍文心一言的基本概念与登录操作，并对一言百宝箱进行相关介绍。

1.1.1　文心一言是什么

文心一言是一款基于大语言模型的生成式AI产品，类似于ChatGPT。它具备强大的自然语言处理能力，可以根据用户的输入生成各种类型的文本，如诗歌、故事、对话等，从而满足多样化的创作和沟通需求。

在文心一言的技术架构中，百度在全球为数不多地进行了全栈布局，从底层芯片、飞桨深度学习框架，到文心预训练大模型，再到百度搜索等应用，各个层面都有自研技术。文心一言是一款功能强大、应用场景广泛的生成式AI产品，将深刻影响未来的智能化变革。文心一言的界面设计旨在为用户提供便捷、高效的交互体验，其页面中的各主要功能板块如图1-1所示。

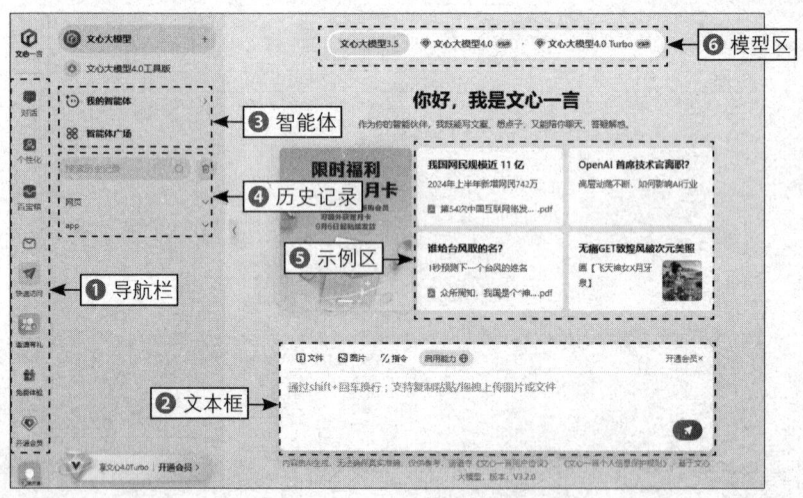

图1-1　文心一言电脑版页面中的功能板块

下面对文心一言电脑版页面中的各主要功能进行相关讲解。

❶ 导航栏：该区域是文心一言页面的重要组成部分，它为用户提供了快速访问平台核心功能和资源的便捷途径，包括"对话""个性化""百宝箱"等功能。

❷ 文本框：用户可以在这里输入想要与AI交流的内容，如提问、聊天等，

用户可以输入各种问题或需求，支持文字输入、文件输入、图片输入等，还可以创建自己常用的指令，来提高AI办公效率。

❸ 智能体：在文心一言页面的左上方，"我的智能体"和"智能体广场"这两个按钮是平台提供的与智能体相关的功能入口，用户可以使用智能体提升工作效率。

❹ 历史记录：在该区域中不仅能够记录用户与文心一言之间的对话历史，还提供了方便的回顾、参考和管理功能，包括网页版和App这两个平台中的历史记录。

❺ 示例区：对初次接触文心一言的用户来说，示例区是一个快速了解产品特性和使用方法的途径，该区域提供了多种文案示例，通过单击相应的示例，用户可以更直观地了解文心一言的应用场景和优势。

❻ 模型区：在模型区中包括文心一言的3大模型，如文心大模型3.5、文心大模型4.0、文心大模型4.0 Turbo，不同的版本在技术和应用上均有所突破。其中，文心大模型3.5是免费提供给用户使用的，后面两种文心大模型需要用户开通会员功能，才可以使用。

1.1.2　注册并登录文心一言电脑版

在使用文心一言之前，用户需要先注册一个百度账号，该账号在两个平台（百度和文心一言）是通用的。下面介绍注册与登录文心一言的操作方法。

步骤01　在电脑中打开相应的浏览器，输入文心一言的官方网址，打开官方网站，单击右上角的"立即登录"按钮，如图1-2所示。

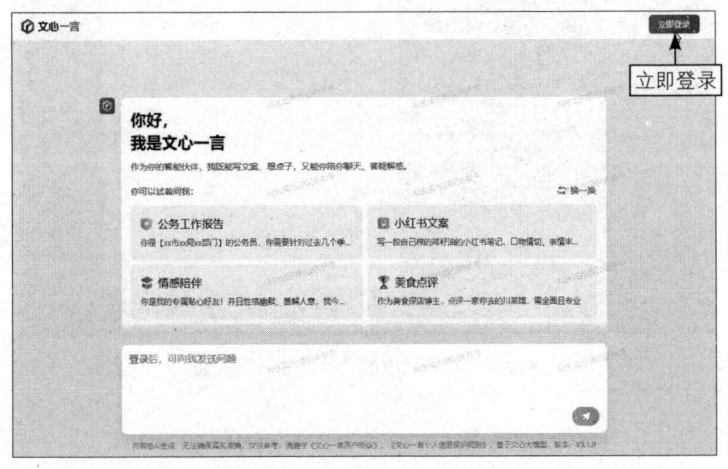

图1-2　单击"立即登录"按钮

步骤02 弹出相应的对话框，❶在"账号登录"选项卡中直接输入账号（手机号/用户名/邮箱）和密码进行登录，或者使用百度App扫码登录；如果用户没有百度账号，❷则在窗口的右下角单击"立即注册"按钮，如图1-3所示。

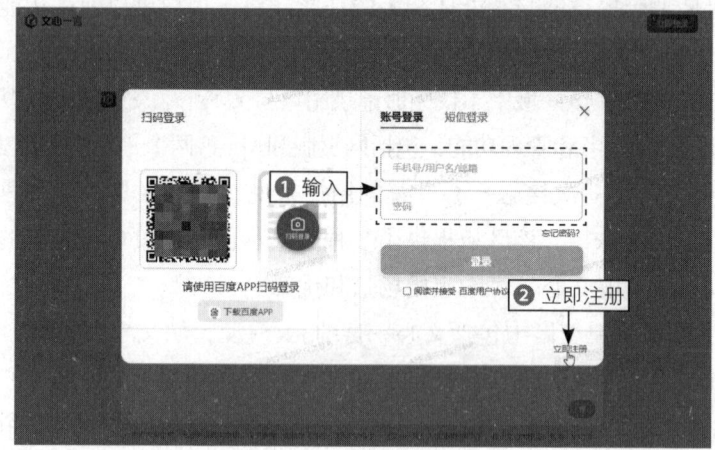

图1-3 单击"立即注册"按钮

步骤03 打开百度的"欢迎注册"页面，如图1-4所示，在其中输入相应的用户名、手机号、密码和验证码等信息，选中相关协议复选框，单击"注册"按钮，即可注册并登录文心一言。

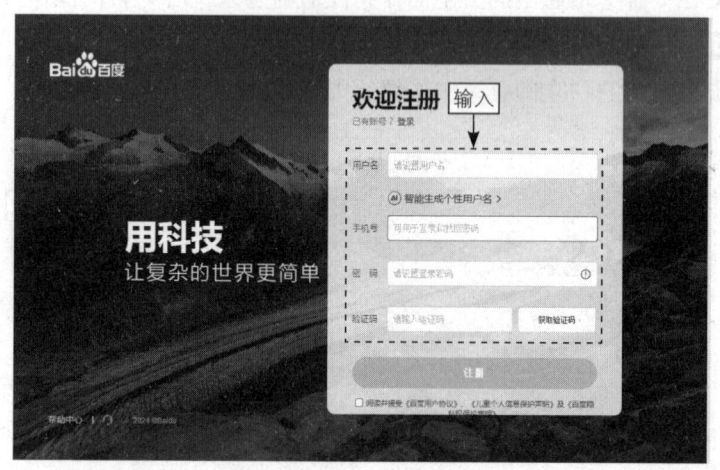

图1-4 打开百度的"欢迎注册"页面

★ 专家提醒 ★

文心一言是通过机器学习训练出来的模型，它能够根据用户提供的指令、主题或要求，快速生成高质量的文本内容，如文章、报告、商业文件等。

1.2 使用文心一言电脑版的常用功能

文心一言的发布是百度多年努力的自然延续和技术积累的成果，它在回答问题、协助创作等方面表现出色，能够高效、便捷地帮助用户获取信息、知识和灵感。本节主要介绍文心一言电脑版的常用功能，帮助用户在日常办公中提高效率。

1.2.1 通过对话获得AI的回复

文心一言具备丰富的知识库，拥有强大的自然语言处理能力，能够理解用户输入的指令，并完成问答、文案创作、脚本撰写等多种任务。登录文心一言后，将打开文心一言的"对话"页面，用户即可开始与AI进行对话。用户可以输入任何问题或话题，文心一言将尝试回答并提供与主题有关的信息，下面介绍具体的操作方法。

步骤01 打开文心一言的"对话"页面，单击底部的文本框，如图1-5所示。

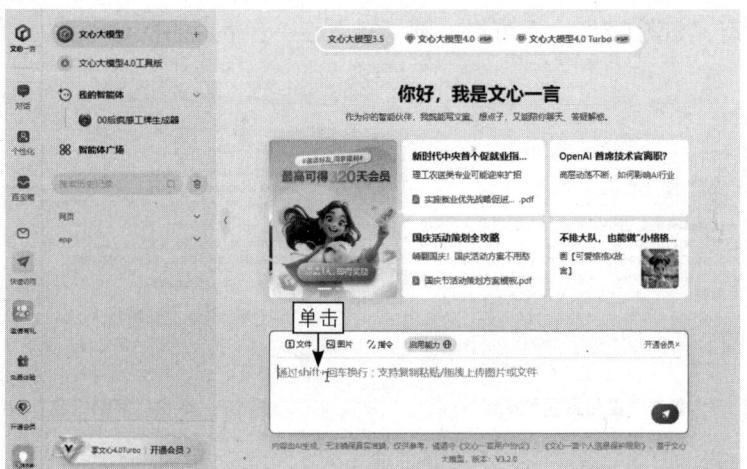

图 1-5　单击底部的文本框

步骤02 在文本框中输入相应的指令，例如"帮我生成一条关于[职场正能量]的朋友圈文案"，指导AI生成特定的内容，如图1-6所示。

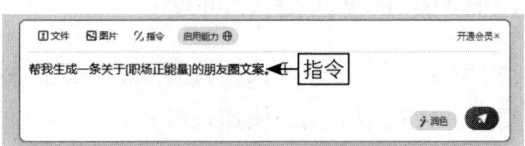

图 1-6　输入相应的指令

步骤 03 单击发送按钮 ，即可将指令发送给文心一言，AI模型会根据要求生成所需的内容，相关指令和回复内容如下。

提问

帮我生成一条关于[职场正能量]的朋友圈文案。

文心一言

每一个清晨，都是职场新旅程的起点。带着微笑出发，用饱满的热情拥抱每一个挑战。不畏惧困难，因为每一次跨越都是成长的阶梯。记得给自己加油，也不忘给身边的同事传递正能量，我们的团队因相互支持而更加强大！在忙碌与奋斗中，保持一颗感恩的心，感谢每一次机会，让我们成为更好的自己。职场不仅是竞技场，更是实现梦想的舞台。让我们一起，用汗水书写精彩，用努力创造不凡！

步骤 04 如果用户对文心一言生成的内容不满意，可以单击内容下方的"重新生成"按钮，如图1-7所示，文心一言即可根据指令重新生成相关内容。

步骤 05 单击文心一言回复内容右下方的"复制内容"按钮 ，此时该按钮呈勾选状态，如图1-8所示，可以一键复制文心一言生成的所有内容。

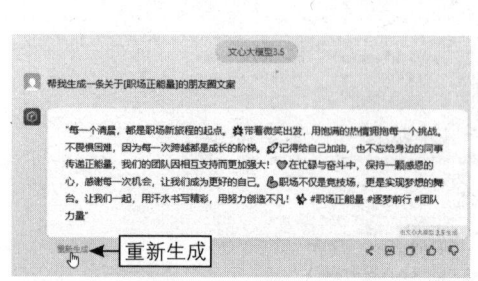

图 1-7 单击"重新生成"按钮

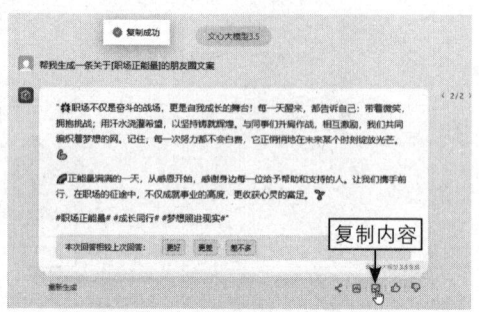

图 1-8 单击"复制内容"按钮

★ 专家提醒 ★

单击文心一言生成的内容右下方的分享按钮 ，进入编辑页面，在其中选中需要分享的内容，单击"分享"按钮，即可将内容以链接的形式分享给其他人。

1.2.2 通过示例模板快速获得AI回复

文心一言页面上方的示例区是一个便捷且高效的功能区域，它精心设计了多个示例模板，旨在帮助用户快速理解并高效利用文心一言的强大功能。这些示例模板覆盖了信息查询、文本生成、逻辑推理等多种应用场

扫码看教学视频

景，如"国庆电影档盘点""写一篇关于人工智能的科普文章""国庆活动策划全攻略"等。

下面介绍通过示例模板快速获得AI回复的操作方法。

步骤01 打开文心一言的"对话"页面，在页面示例区中单击相应的标题，这里单击"国庆活动策划全攻略"示例标题，如图1-9所示。

图 1-9 单击相应的示例标题

步骤02 执行操作后，文心一言会根据示例模板生成相关的内容，如图1-10所示。

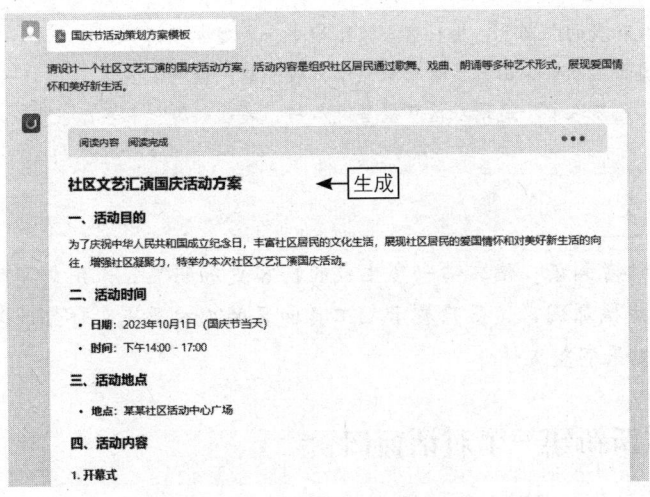

图 1-10 文心一言生成相关的内容

步骤03 下面是对应的示例标题，以及文心一言生成的内容，可以看到文心一言生成的活动策划方案内容全面、专业。

提问

请设计一个社区文艺汇演的国庆活动方案，活动内容是组织社区居民通过歌舞、戏曲、朗诵等多种艺术形式，展现爱国情怀和美好新生活。

文心一言

社区文艺汇演国庆活动方案

一、活动目的

为了庆祝中华人民共和国成立纪念日，丰富社区居民的文化生活，展现社区居民的爱国情怀和对美好新生活的向往，增强社区凝聚力，特举办本次社区文艺汇演国庆活动。

二、活动时间

日期：2023年10月1日（国庆节当天）

时间：14:00—17:00

三、活动地点

地点：某某社区活动中心广场

四、活动内容

1. 开幕式

时间：14:00—14:15

内容：社区领导致开幕词，介绍活动安排，升国旗、奏唱国歌。

2. 歌舞表演

时间：14:15—15:15

内容：

合唱：《我和我的祖国》，由社区合唱团演唱，展现爱国情怀。

舞蹈：《盛世欢歌》，由社区舞蹈队表演，展现居民精神风貌。

现代舞：《追梦人》，邀请社区年轻居民参与，展现新时代青年风采。

……

★ 专家提醒 ★

为了方便读者阅读，使文心一言生成的内容更加明显，采用文字版进行案例展示。因为本书篇幅原因，这里只展示AI工具回复的内容要点，详细的回复内容，请看随书提供的效果完整文件。

1.2.3 重新新建一个对话窗口

在文心一言中，当用户与AI模型已经深入讨论了某个主题后，如果用户想切换到完全不同的话题，此时可以新建一个对话窗口，下面介绍具体的操作方法。

扫码看教学视频

步骤 01 在文心一言页面的左上方,单击"文心大模型"按钮,如图1-11所示。

步骤 02 执行操作后,即可新建一个对话窗口,在下方的文本框中输入相应的指令,重新开启对话模式,指导AI生成特定的内容,如图1-12所示。

★ 专家提醒 ★

在文心一言中,如果用户遇到系统错误、响应延迟或网络不稳定等问题,新建对话窗口可以尝试重新建立更稳定的对话环境。另外,当用户感觉当前对话已经偏离初衷,或希望从全新的角度开始讨论时,新建一个窗口能提供一个干净的起点。

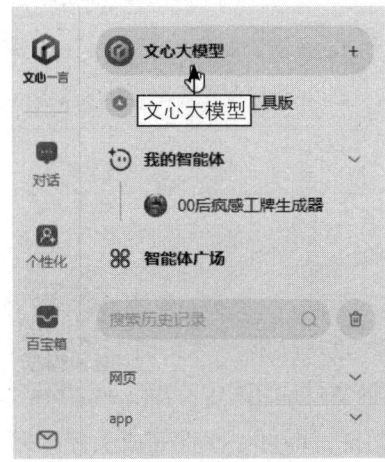

图 1-11 单击"文心大模型"按钮   图 1-12 输入相应的指令

步骤 03 单击发送按钮 ，文心一言即可根据要求生成所需的内容,相关指令和回复内容如下。

提问

写个淄博烧烤特别好吃的文案。

文心一言

【舌尖上的淄博,炭火燃情,烧烤盛宴!】
在淄博这座古韵与烟火气并存的城市里,有一场关于烧烤的味觉革命正悄然上演。当夜幕低垂,星辰点缀天际,淄博的街头巷尾便弥漫起一股难以抗拒的香气——那是烧烤独有的魔力,唤醒每一个食客的味蕾记忆。

【炭火慢烤,锁住每一分鲜美】
淄博烧烤,讲究的是"火候"与"匠心"。精选上等食材,从鲜嫩多汁的羊肉串到脆爽可口的蔬菜,每一串都经过炭火的温柔拥抱,外皮微焦,而内里仍保持原汁原味,那种恰到好处的熟度，让人一试难忘。
【秘制酱料，调出百味人生】
独特的秘制酱料，是淄博烧烤的灵魂所在。辣而不燥，香而不腻，轻轻一抹，瞬间提升食材的层次感，每一口都是对味觉的极致挑逗。不论是麻辣还是蒜香，总有一款能触动你的心弦。
【好友围炉，共享烧烤之乐】
在淄博，烧烤不仅仅是一种美食，更是一种生活态度。约上三五好友，围坐于烧烤摊前，自己动手，翻烤着滋滋作响的烤串，谈笑风生间，烦恼尽消，只留下满心的欢愉与满足。这份难得的惬意与自在，正是淄博烧烤赋予我们的最好礼物。
【探寻美食之旅，从淄博烧烤开始】
来吧，让我们一起踏上这场美食的探索之旅，走进淄博的夜晚，感受那份由炭火与调料交织出的独特魅力。在这里，每一口烧烤都是故事，每一串烧烤都是传承，让味蕾与心灵共同沉醉于这份来自淄博的味觉盛宴！
淄博烧烤，等你来，共赴一场舌尖上的狂欢！

1.2.4　上传文档批量点评小学生作文

在文心一言中，用户可以批量上传多个文档，这一功能使得文档管理变得更加高效和有序，特别是对需要处理大量文件的用户而言尤为便捷。用户只需在上传页面中选择或拖曳多个文件，即可一次性完成上传，无须逐一操作。此外，文心一言还支持多种文件格式，确保用户能够上传各种类型的文档，满足多样化的需求。

这一功能可以大大提高人们的工作效率。例如，通过该功能可以批量点评小学生作文。这是一项针对教育领域的人工智能应用，它能够高效地对大量小学生的作文进行自动评估和反馈，可以自动为作文打分，主要是根据预设的评分标准来评分，如语法正确性、拼写准确性、句子结构等。针对每篇作文的特点，AI可以提供个性化的反馈和建议，帮助学生认识到自己的优势和需要改进的地方。

与传统的人工点评相比，AI点评可以快速处理大量作文，节省了教师的时间，下面介绍具体的操作方法。

步骤01　在文心一言页面中，单击文本框上方的"文件"按钮，如图1-13所示。

步骤02　弹出相应的面板，在"最近文件"选项卡中单击"点击上传或拖入文档"按钮，如图1-14所示，通过该面板可以上传多种格式的文档。

第1章 文心一言电脑版的核心功能 | 011

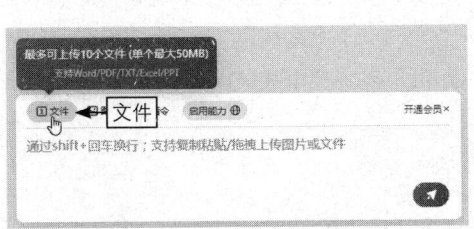

图 1-13 单击"文件"按钮

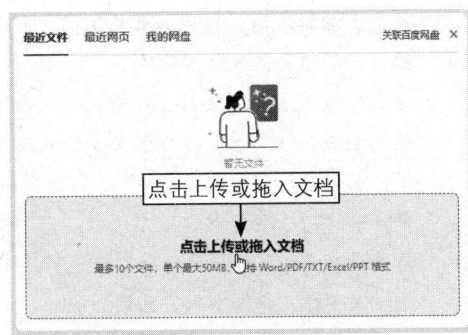

图 1-14 单击相应的按钮

步骤03 弹出"打开"对话框,在其中选择3篇小学生作文,如图1-15所示。

步骤04 单击"打开"按钮,即可上传3篇小学生作文,并显示在文本框中,在下方输入相应的指令,指导AI生成特定的内容,如图1-16所示。

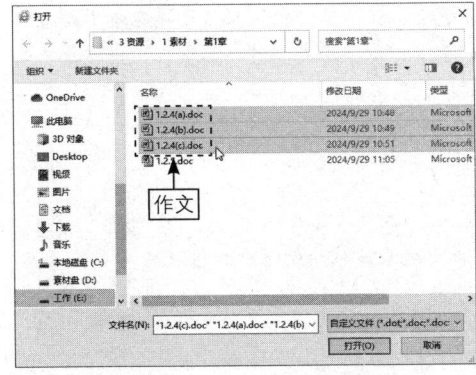

图 1-15 选择 3 篇小学生作文

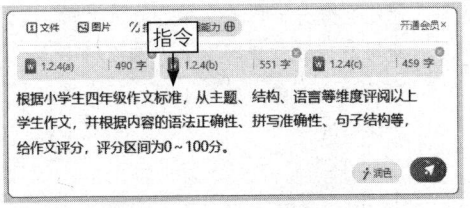

图 1-16 输入相应的指令

步骤05 单击发送按钮，文心一言即可根据要求批量点评小学生作文，并给作文评分，相关指令和回复内容如下。

提问

根据小学生四年级作文标准，从主题、结构、语言等维度评阅以上学生作文，并根据内容的语法正确性、拼写准确性、句子结构等，给作文评分，评分区间为0～100分。

文心一言

作文评阅及评分

作文一：《美丽的秋天》

主题：明确，围绕"美丽的秋天"展开，描绘了秋天的天空、田野、果园和花园等多个场景，展现了秋天的多彩与丰收。

结构：结构清晰，按照秋天的不同景象进行了分段描述，从天空到田野，再到果园和花园，层层递进，逻辑性强。

语言：语言生动，使用了比喻、拟人等修辞手法，如"天空一碧如洗，就像用清水洗过的蓝宝石一样"等，增强了文章的表现力。但个别句子略显冗长，如"金黄的稻子成熟了，沉甸甸的稻穗笑弯了腰"，可适当精简。

评分：

语法正确性：整体语法正确，未见明显错误。

拼写准确性：拼写准确，无错别字。

句子结构：句子结构多样，长短结合，但部分句子可更精炼。

总分：90分。扣分点主要在于个别句子略显冗长，影响阅读的流畅性。

作文二：《秋天的公园》

主题：明确，聚焦于"秋天的公园"，通过描绘公园内的落叶、树木、花坛和湖泊等景象，展现了秋天的独特魅力。

结构：结构清晰，按照游览顺序（小路、树木、花坛、湖边）进行描述，条理分明。

语言：语言优美，运用了丰富的词汇和修辞手法，如"落叶像一只只蝴蝶在空中翩翩起舞"，生动地描绘了秋天的景象。同时，文章还融入了个人的感受和体验，增强了文章的感染力。

评分：

语法正确性：语法正确，表达流畅。

拼写准确性：拼写准确，无错别字。

句子结构：句子结构多样，富有变化，能够很好地表达作者的情感和想法。

……

1.2.5 从网盘上传文件至文心一言

在文心一言中，用户可以直接从网盘上传文件至平台，该功能极大地简化了文件传输流程。用户只需在上传页面中切换至"我的网盘"选项卡，在其中授权关联百度网盘账号，即可一键同步网盘中的文件至文心一言。此功能不仅提高了工作效率，还减少了本地下载和上传的烦琐步骤，为用户带来了极大的便利。

下面介绍从网盘上传文件至文心一言的操作方法。

步骤01 在文心一言页面中，单击文本框上方的"文件"按钮，弹出相应的面板，❶切换至"我的网盘"选项卡，在其中可以关联百度网盘的账号；❷单击"立即关联"文字超链接，如图1-17所示。

步骤02 执行操作后，进入百度账号授权页面。如果用户的电脑中已经安装了百度网盘,并登录了百度网盘的账号,此时页面中会提示"检测到您已登录百度,可直接授权"的相关信息,单击"授权"按钮,如图1-18所示。

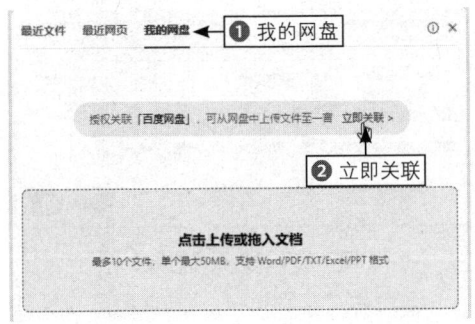 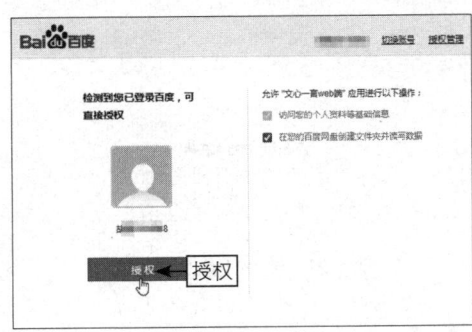

图 1-17　单击"立即关联"文字超链接　　　图 1-18　单击"授权"按钮

步骤03 执行操作后,页面中提示"百度网盘关联成功"的信息,单击"我知道了"按钮,如图1-19所示。

步骤04 返回"我的网盘"选项卡,其中显示了百度网盘中的所有文档资料,选择一个需要使用的文档,如图1-20所示。

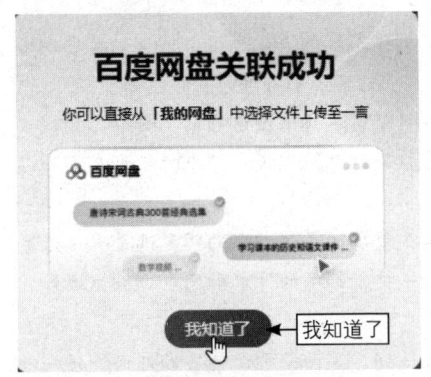 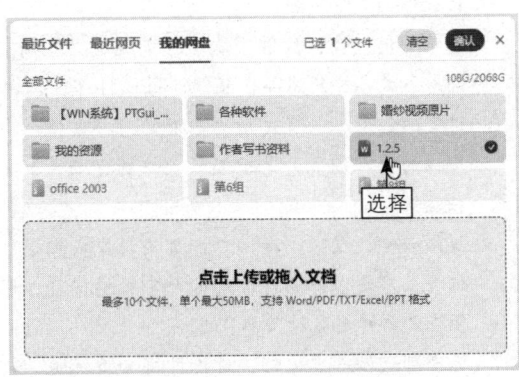

图 1-19　单击"我知道了"按钮　　　图 1-20　选择一个需要使用的文档

步骤05 选择文档后,单击右上方的"确认"按钮,如图1-21所示。

步骤06 执行操作后,即可添加百度网盘中的文件,并显示在文本框中,在下方输入相应的指令,指导AI生成特定的内容,如图1-22所示。

步骤07 单击发送按钮 ➤ ,文心一言即可根据要求改写百度网盘中的文案内容,相关指令和回复内容如下。

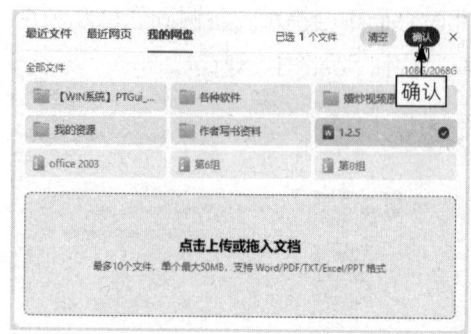
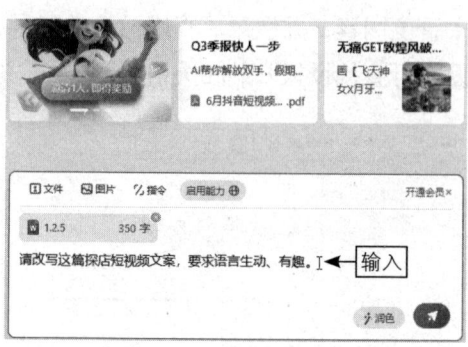

图 1-21 单击"确认"按钮　　　　图 1-22 输入相应的指令

🙋 提问

请改写这篇探店短视频文案,要求语言生动、有趣。

🔷 文心一言

> 探店短视频文案:海鲜盛宴,鲜到飞起,味蕾的海洋探险记!
>
> 嘿,海鲜控的小伙伴们集合啦!今天,我要带你们"潜"入一家海鲜界的宝藏店铺,保证让你们大呼过瘾!
>
> 一推开门,哇,仿佛穿越了时空隧道,直接空降到了蔚蓝的海底宫殿。四周的蓝色调搭配着各式各样的海洋小装饰,每一样都在告诉你:"欢迎来到海鲜的梦幻乐园!"
>
> 这里的海鲜,简直是活力四射的海洋大使!看那只螃蟹,正上演着它的"越狱"大戏;那边的小虾们,更是跳起了欢快的舞蹈,就差直接蹦到你碗里说:"来吧,和我们一起狂欢!"
>
> 说到必尝,哎呀,我的口水都要泛滥成灾了!首先登场的是他们家的明星选手——清蒸螃蟹,那蟹黄饱满得像是秋天丰收的田野,轻轻一咬,鲜美的汁水瞬间在口腔里爆炸,简直是鲜掉眉毛的节奏!
>
> 还有那道椒盐皮皮虾,外皮炸得金黄酥脆,轻轻一掰,里面是雪白紧实的虾肉,每一口都是对味蕾的极致诱惑,好吃到让人忍不住想要大喊:"再来一盘!"
>
> 而且,这里的氛围和服务也是满分哦!老板和员工们个个笑容满面,热情得就像是久违的老友,让你在享受美食的同时,也感受到满满的温馨和关怀。
>
> 所以,亲爱的吃货们,还犹豫什么呢?赶紧收拾好你的胃,和我一起向这家海鲜店进发吧!让我们的味蕾在鲜美的海洋中尽情遨游,开启一场说走就走的美食探险之旅!
>
> #海鲜盛宴大揭秘 #味蕾的海洋冒险 #吃货必打卡地

1.2.6 上传并解析图片内容

扫码看教学视频

文心一言能够利用深度学习算法对照片进行智能识别,快速捕捉图像中的关键元素,如人物、景物、色彩、构图等,进而分析照片的主题和内容。相比人工解析,文心一言能够更细致地观察照片中的每一个细节,包括光影变化、色彩搭配、纹理质感等,从而更全面地解析图片内容,对图片进行多维度的解读和评价。除了技术上的分析,文心一言还能以生动、流畅的语言将解析结果呈现出来,使读者能够更直观地感受到图片所传达的信息和情感。

用户在文心一言中输入指令的时候,尽量提供具体、详细的细节和信息,以及希望AI从哪些方面来解析这张图片,如主题、构图、光线、色彩、细节及情感表达等,这样可以帮助AI更好地理解需求,从而生成更准确、具体的回复。

下面介绍在文心一言中上传并解析图片内容的操作方法。

步骤01 在文心一言页面中,单击文本框上方的"图片"按钮,如图1-23所示,当前支持上传一张图片。

步骤02 弹出"打开"对话框,在其中选择一张图片素材,如图1-24所示。

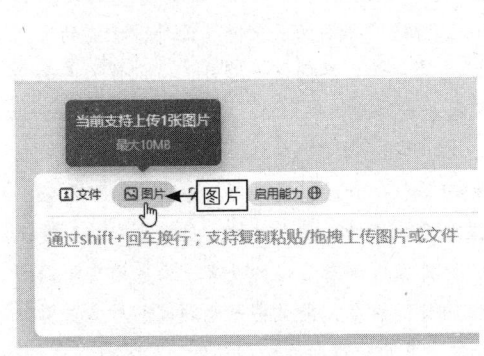
图 1-23 单击"图片"按钮

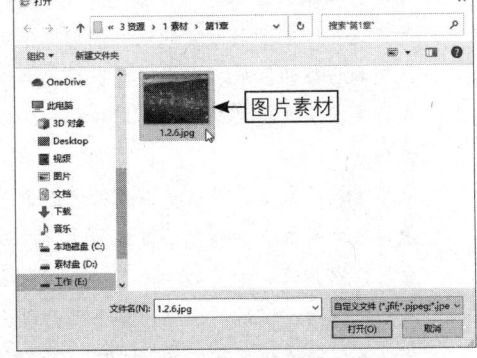
图 1-24 选择一张图片素材

步骤03 单击"打开"按钮,即可上传图片素材,并显示在文本框中,在下方输入相应的指令,指导AI生成特定的内容,如图1-25所示。

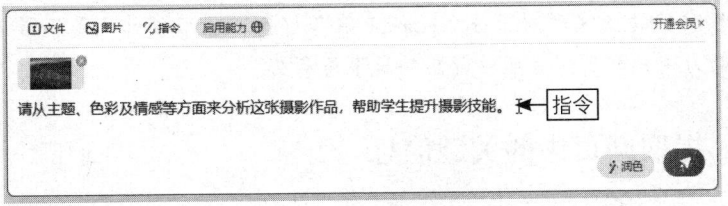
图 1-25 输入相应的指令

步骤04 单击发送按钮，文心一言即可根据要求从多个方面来解析这张图片的内容，相关指令和回复内容如下。

提问

请从主题、色彩及情感等方面来分析这张摄影作品，帮助学生提升摄影技能。

文心一言

主题分析

这张摄影作品的主题聚焦于藏式村庄的宁静与自然之美。通过展现一个位于山谷中的村落，摄影师成功地捕捉到了藏区独特的建筑风格和生活环境。村庄被绿色的山坡和远处的山脉所环绕，形成了一种和谐共生的自然景象。同时，金色屋顶的寺庙作为视觉焦点，不仅突出了藏文化的宗教特色，也强化了整个画面的主题。这种主题的选择不仅展现了摄影师对藏区文化的深入理解和尊重，也引导观众对自然与人文融合进行深入思考。

色彩分析

色彩在这张作品中起到了至关重要的作用，它营造了一种温暖而宁静的氛围。天空的橙黄色调是日落时分的典型色彩，它不仅给整个场景增添了一抹温暖的光辉，还预示着一天即将结束，带来了一种岁月静好的感觉。绿色的山坡与远处的山脉形成了自然的背景，这些冷色调与天空的暖色调形成了对比，增强了画面的层次感。此外，寺庙的金色屋顶和房屋的红色、灰色瓦片在绿色与橙黄色的背景中显得格外醒目，它们作为色彩亮点，丰富了画面的视觉效果，同时也强化了藏式建筑的特征。

情感分析

从情感层面来看，这张摄影作品传递了一种宁静、祥和的情感。照片中没有出现人物，使得整个场景更加专注于自然与建筑的和谐共存，这种"无人之境"反而更容易引发观众的情感共鸣。金色的寺庙在阳光下闪耀，仿佛在诉说着古老的故事；白色的房屋则给人一种纯洁、宁静的感觉。整个画面所展现的日落景象，更是将一天的疲惫与喧嚣都融化在了这温暖的光芒之中，让观众感受到一种心灵的平静和放松。

……

★ **专家提醒** ★

文心一言不仅能快速解析照片的主题，还能深入理解内容情感与氛围，为用户提供高效、准确的图像理解服务。无论是旅游留念、艺术创作还是日常记录，文心一言都能助力用户轻松探索照片背后的故事与意义。

1.2.7 提取网页中的关键信息

文心一言的网页内容提取功能，允许用户输入网页链接，自动分

扫码看教学视频

析并提炼出该网页的核心信息,如文章标题、摘要、关键段落或数据等。这一功能极大提升了信息获取效率,帮助用户快速把握网页内容精髓,节省阅读时间。无论是科研资料、新闻报道还是产品介绍,都能通过文心一言轻松获取关键信息,实现高效的信息筛选与整合。

例如,当你在某个网页上看到一篇长文章,想要快速浏览时,可以让文心一言为你提供关键信息。下面介绍提取网页中的关键信息的操作方法。

步骤01 在文心一言页面中,输入相应的网页链接和指令,指导AI生成特定的内容,如图1-26所示。

步骤02 单击发送按钮,文心一言即可根据要求提取网页中的关键信息,如图1-27所示。

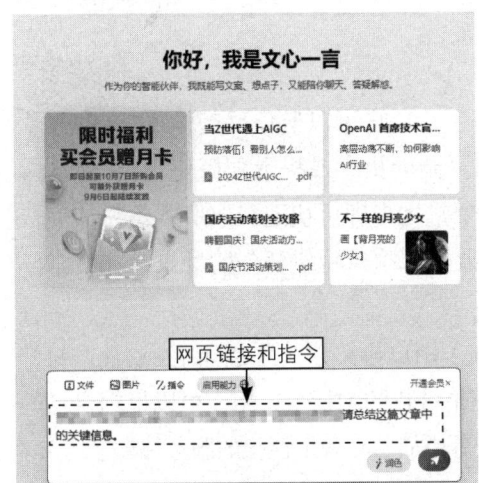

图 1-26 输入相应的网页链接和指令

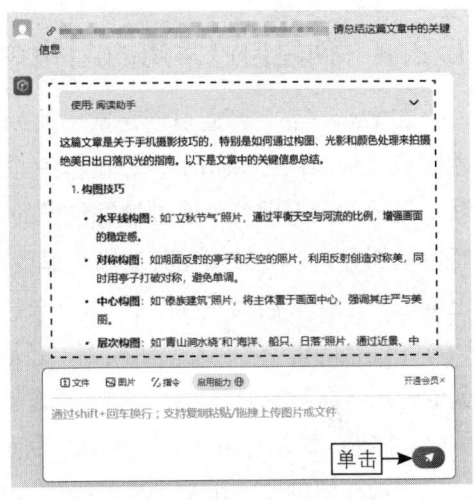

图 1-27 提取网页中的关键信息

步骤03 相关指令和回复内容如下,可以看出文心一言对网页文章内容的总结非常精准,可以帮助用户节省阅读时间。

提问

[网页链接]请总结这篇文章中的关键信息。

文心一言

这篇文章是关于手机摄影技巧的,特别是如何通过构图、光影和颜色处理来拍摄绝美日出日落风光的指南。以下是文章中的关键信息总结。

1. 构图技巧
- 水平线构图:如"立秋节气"照片,通过平衡天空与河流的比例,增强画面的稳定感。

- 对称构图：如湖面反射的亭子和天空的照片，利用反射创造对称美，同时用亭子打破对称，避免单调。
- 中心构图：如"傣族建筑"照片，将主体置于画面中心，强调其庄严与美丽。
- 层次构图：如"青山润水绕"和"海洋、船只、日落"照片，通过近景、中景、远景的布局，营造丰富的层次。

2. 光影运用

- 光影渐变：在"立秋节气"照片中，夕阳余晖在河面上形成光影渐变，增强立体感。
- 波光粼粼：湖面上的光线反射形成的光影效果，如亭子和湖面照片。
- 侧光与明暗对比：如灯塔照片，侧光使灯塔轮廓清晰，明暗对比强烈。
- 光影对比与细节突出：如"金丝桃"照片，花朵部分被光线照亮，形成了鲜明对比，突出了花朵的细节。

……

1.2.8 创建自己常用的AI指令

在文心一言中，通过创建常用的AI指令，用户可以避免反复输入相同或类似的问题和请求，只需将一系列复杂的指令或提示词简化为几个简短的词汇即可。通过触发预设的指令，用户即可快速获取所需信息或完成特定的任务，这一做法尤其适用于那些需要频繁执行特定任务的场景，如日常学习辅助、工作文档撰写等。

个性化的指令不仅提高了效率，还增强了用户与文心一言之间的互动性。每个人的使用习惯和需求都有所不同，通过创建个性化的AI指令，用户可以根据自己的偏好和需求，定制专属的交互方式，从而获得更加贴心和个性化的服务体验。

下面介绍创建常用AI指令的操作方法。

步骤01 在文心一言页面中，单击文本框上方的"指令"按钮，如图1-28所示，启用文心一言的"指令"功能。

步骤02 进入"我创建的"选项卡，单击右上方的"创建指令"按钮，如图1-29所示，通过该按钮可以自定义AI指令。

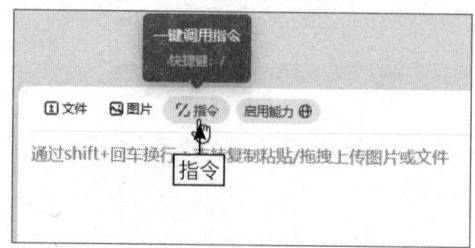

图1-28　单击"指令"按钮

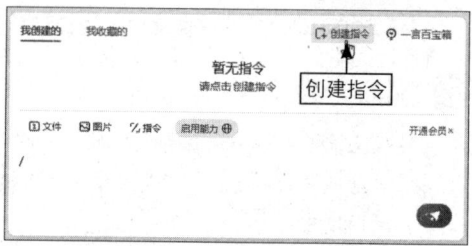

图1-29　单击"创建指令"按钮

步骤03 弹出"创建指令"面板，用户可根据自己的使用习惯和偏好，输入符合自身需求的指令标题和指令内容，如图1-30所示。

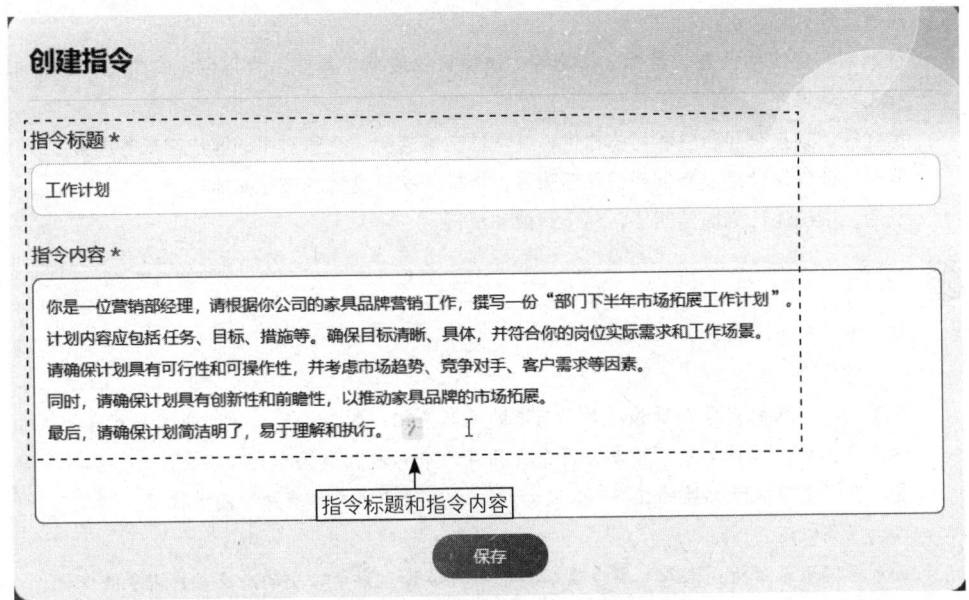

图 1-30　输入指令标题和指令内容

步骤04 单击"保存"按钮，返回文心一言页面，再次单击文本框上方的"指令"按钮，进入"我创建的"面板，在其中显示了刚创建的指令，如图1-31所示。

步骤05 选择刚创建的指令，即可一键将其填入指令输入框中，如图1-32所示。

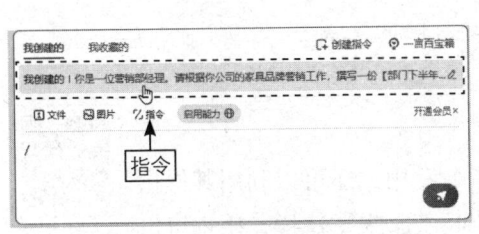

图 1-31　显示了刚创建的指令

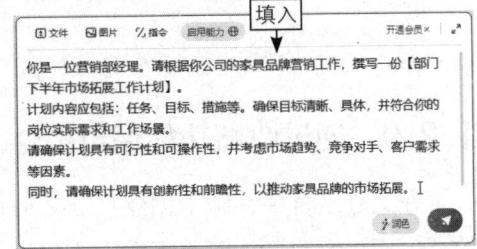

图 1-32　填入指令输入框中

步骤06 单击发送按钮 ，文心一言即可根据要求生成所需的内容，相关指令和回复内容如下。

提问

你是一位营销部经理，请根据你公司的家具品牌营销工作，撰写一份"部门下半年市场拓展工作计划"。

计划内容应包括任务、目标、措施等，确保目标清晰、具体，且符合你的岗位实际需求和工作场景。

请确保计划具有可行性和可操作性，并考虑市场趋势、竞争对手、客户需求等因素。

同时，请确保计划具有创新性和前瞻性，以推动家具品牌的市场拓展。

最后，请确保计划简洁明了，易于理解和执行。

文心一言

部门下半年市场拓展工作计划

一、前言

随着家具市场的竞争加剧和消费者需求的不断变化，制订一份科学、合理且富有创新性的市场拓展工作计划对于推动公司家具品牌的市场占有率提升具有重要意义。本计划旨在明确下半年市场拓展的任务、目标和措施，确保各项工作有序、高效推进。

二、任务概述

1. 市场调研与分析：深入了解当前家具市场的趋势、竞争对手动态及客户需求的变化。
2. 品牌建设与维护：提升品牌形象、品牌影响力和美誉度。
3. 渠道拓展与优化：开拓新的销售渠道，优化现有渠道布局，提高市场覆盖率。
4. 营销推广活动：策划并执行一系列有吸引力的营销推广活动，提升产品销量。

三、具体目标

1. 市场份额提升：在下半年，公司家具品牌在当地市场的占有率提升5%。
2. 新客户开发：新增优质客户50家，包括大型装修公司、家居卖场等。
3. 线上销售增长：电商平台销售额增长30%，通过社交媒体营销提高线上品牌曝光度。
4. 客户满意度提升：客户满意度提升至90%以上，提升客户忠诚度。

四、具体措施

……

1.2.9 通过收藏功能调用指令

在文心一言中，除了创建自定义AI指令，用户还可以利用其提供的"一言百宝箱"功能，将常用的AI指令收藏起来。这样，用户可以在需要时一键调用这些指令，无须再次输入复杂的操作逻辑，从而进一步简化了操作流程，具体操作步骤如下。

扫码看教学视频

步骤01 在文心一言页面左侧的导航栏中，单击"百宝箱"按钮，弹出"一言百宝箱"窗口，单击"场景"选项卡，如图1-33所示。

第1章 文心一言电脑版的核心功能 | 021

图 1-33 单击"场景"选项卡

步骤 02 执行操作后，切换至"场景"选项卡，其中显示了多种应用场景，在"创意写作"场景中单击相应指令中的"收藏"按钮☆，此时☆按钮变成了★按钮，如图1-34所示，表示指令收藏成功。

图 1-34 单击"收藏"按钮

步骤03 单击关闭按钮❌，关闭"一言百宝箱"窗口。单击"指令"按钮，切换至"我收藏的"选项卡，其中显示了用户刚收藏的指令，如图1-35所示。

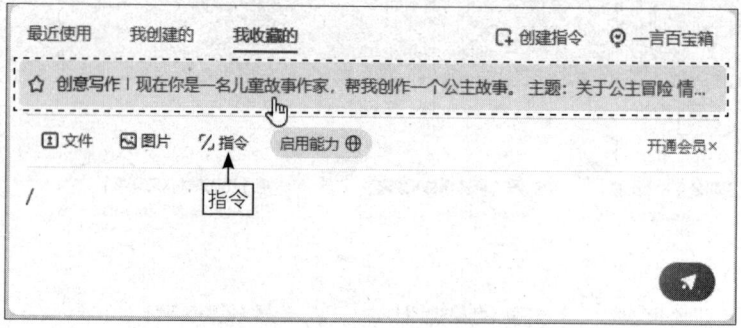

图 1-35　显示了用户刚收藏的指令

步骤04 选择刚收藏的指令，即可一键将其填入指令输入框中，如图1-36所示。

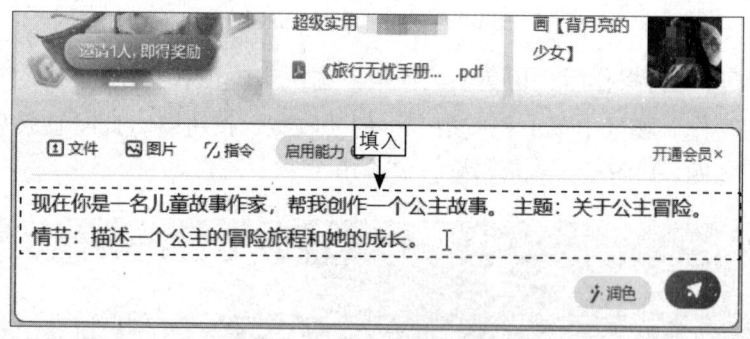

图 1-36　填入指令输入框中

步骤05 单击发送按钮 ➤，文心一言即可根据要求生成所需的内容，相关指令和回复内容如下。

🙂 提问

现在你是一名儿童故事作家，帮我创作一个公主故事。
主题：关于公主冒险。
情节：描述一个公主的冒险旅程和她的成长。

文心一言

公主艾莉娅的奇幻冒险之旅
在一个遥远的国度，有一座被五彩斑斓的花朵和闪闪发光的宝石装饰的城堡，里面住着一位勇敢且拥有好奇心的公主，名叫艾莉娅。艾莉娅不同于其他只喜欢在宫廷里跳舞和

> 手工编织的公主，她心中充满了对未知世界的好奇和向往。她梦想着能够探索王国之外的广阔天地，寻找传说中的魔法之源，解救被黑暗力量囚禁的生灵。
>
> 第一章：启程的勇气
>
> 一天，艾莉娅在城堡的古老图书馆里翻阅一本尘封的书籍时，发现了一张泛黄的地图，上面标记着一条通往"光明之心"的秘密路径。据说，光明之心是世间最纯净的能量之源，能够驱散一切黑暗。艾莉娅知道，这正是她梦寐以求的冒险。于是，她决定瞒着父王母后，带上最忠诚的伙伴——一只会说话的猫咪米洛，踏上了寻找光明之心的旅程。
>
> 第二章：森林的试炼
>
> 艾莉娅和米洛首先穿越了幽暗而神秘的幽影森林。这里居住着各种奇幻生物，既有友善的精灵，也有狡猾的妖精。在一次与一只迷路的小鹿相遇后，艾莉娅展现了她的善良与智慧，帮助小鹿找到了回家的路。作为回报，精灵女王赠予了她一把能够指引方向的魔法罗盘，并告诉她真正的勇气不仅在于面对危险，更在于内心的善良与坚持。
>
> 第三章：遗忘之谷的挑战
>
> 穿越森林后，他们来到了被称为"遗忘之谷"的荒芜之地。在这里，时间仿佛静止了，巨大的沙漏矗立在中央，提醒着每一个旅人时间的宝贵。艾莉娅和米洛在这里遇到了时间的守护者——一位年迈的智者。智者给了他们一个谜题："如何在不失去任何东西的情况下，获得一切？"经过深思熟虑，艾莉娅意识到答案是"珍惜眼前人，把握当下"。智者被她的智慧打动，为他们开启了通往下一个领域的通道。
>
> ……

1.3 管理文心一言对话的历史记录

文心一言对话的历史记录对用户而言是一份宝贵的资源，它可以帮助用户回顾之前的对话内容，以便回忆起之前讨论的细节或决策。此外，这些记录对文心一言来说也是理解上下文对话的关键，有助于AI模型提供更加精准和连贯的回答。

本节主要介绍管理文心一言对话的历史记录，包括搜索历史记录、删除历史记录、一键置顶历史记录及修改历史对话标题等，帮助用户更好地管理历史记录。

1.3.1 搜索历史记录

在文心一言中，当用户面临众多对话的历史记录，却难以找到特定的一条对话信息时，搜索历史记录功能就显得尤为重要。这一功能允许用户通过关键词、日期、对话主题等多种方式，快速定位到之前的对话内容。

用户只需在文心一言的"搜索历史记录"文本框中输入相关关键词,系统即可自动筛选出包含该关键词的对话记录,具体操作步骤如下。

步骤01 在文心一言页面的左侧,单击"搜索历史记录"文本框,如图1-37所示。

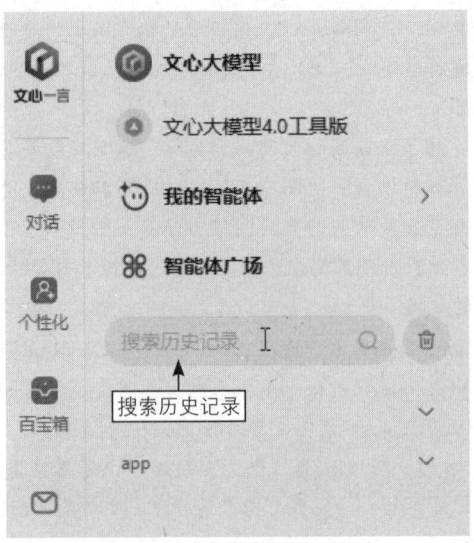

图1-37 单击"搜索历史记录"文本框

步骤02 将鼠标指针定位于文本框中,输入需要搜索的相关对话的关键词,例如"长沙宣传片",如图1-38所示,即可搜索到与之相关的对话内容。

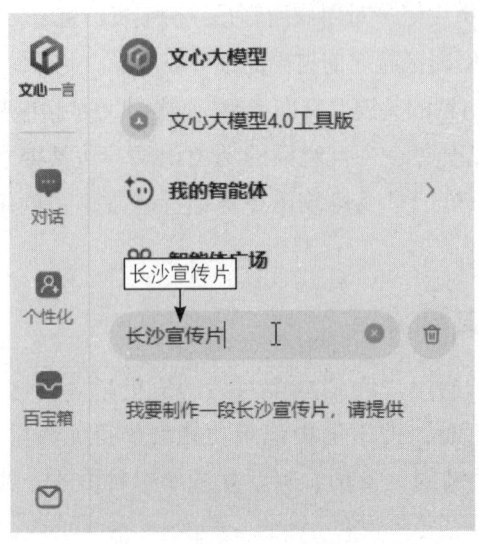

图1-38 搜索相关的对话内容

★ 专家提醒 ★

在文心一言中搜索历史记录，用户不仅能快速找回遗失的对话信息，还能有效地管理自己的对话档案，提升使用效率和体验。因此，掌握并善用这一功能，对文心一言的用户而言至关重要。

步骤03 选择下方搜索到的对话内容，即可打开对话窗口，查看之前的对话内容，如图1-39所示。

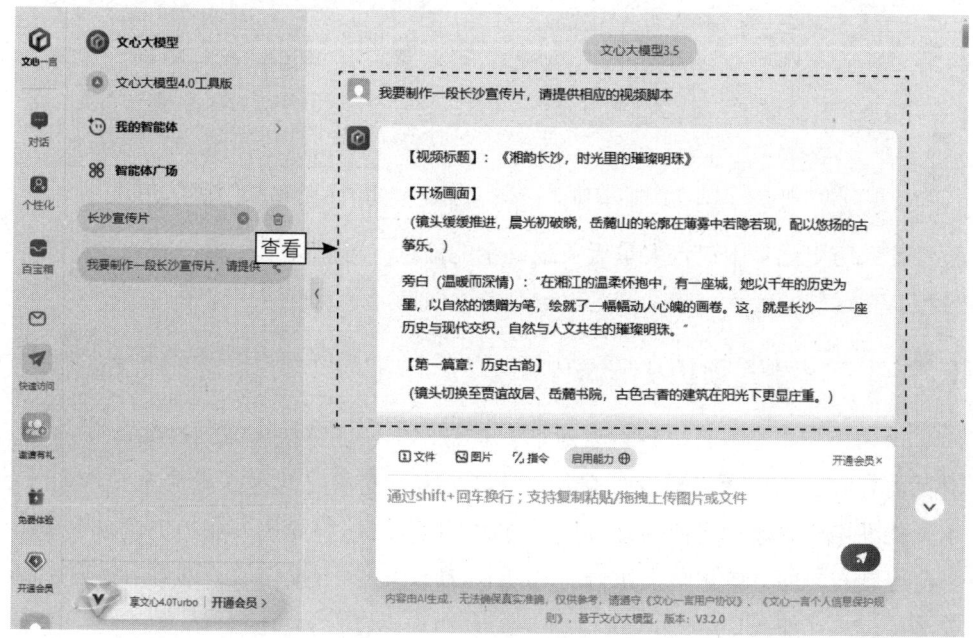

图 1-39　查看之前的对话内容

1.3.2　删除历史记录

在文心一言中，如果用户担心对话的历史记录中包含敏感或私密信息，为了保护个人隐私，用户可以删除这些历史记录。另外，如果之前的对话内容已经过时或不再准确，为了避免误导或混淆，用户也可以选择删除这些历史记录。

删除历史记录的方法很简单，用户只需将鼠标指针移至相应标题上，单击右侧的"删除"按钮，如图1-40所示。执行操作后，将弹出信息提示框，提示用户删除后无法恢复，单击"删除"按钮，如图1-41所示，即可删除历史记录。

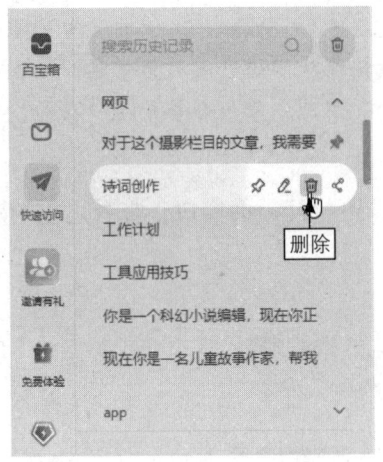
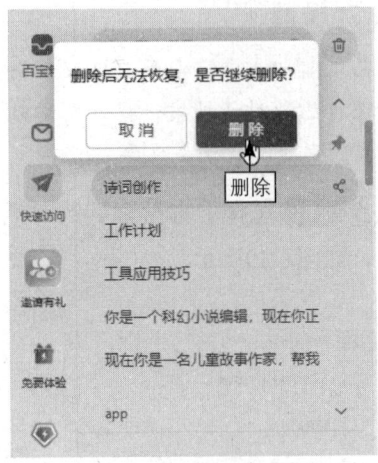

图 1-40　单击右侧的"删除"按钮　　　　图 1-41　单击"删除"按钮

如果历史记录中包含大量无关或冗余的信息，可能会干扰用户的查找和回顾过程。在这种情况下，删除这些记录有助于保持记录的整洁和有序。

1.3.3　一键置顶历史记录

当用户与文心一言进行重要对话，且希望未来能够快速找到这些对话内容时，用户可以通过一键置顶功能，将这些重要的对话置顶显示，帮助用户快速地定位到这些重要对话。操作方法很简单，在历史记录中单击相应标题右侧的"置顶"按钮，如图1-42所示。执行操作后，即可一键置顶相关历史记录，如图1-43所示。

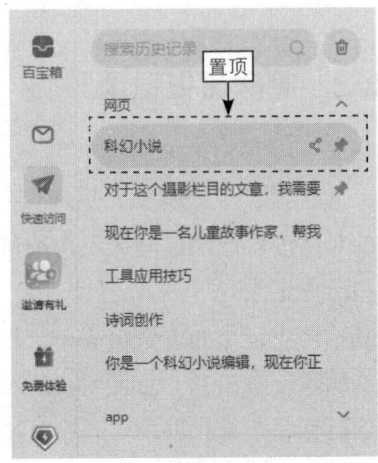

图 1-42　单击"置顶"按钮　　　　图 1-43　一键置顶相关历史记录

1.3.4 修改历史对话标题

如果原始标题不够明确或难以理解，修改标题可以提高对话内容的可读性，使其更易被其他用户或自己找到。操作方法很简单，在历史记录中单击相应标题右侧的"编辑"按钮 ，如图1-44所示。此时，标题呈选中状态，删除原来的标题内容，然后重新输入新的标题，如图1-45所示，按【Enter】键确认，即可完成修改。

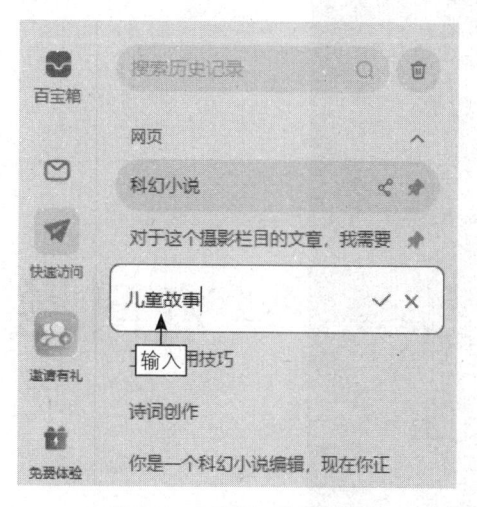

图1-44 单击"编辑"按钮　　　　图1-45 重新输入新的标题

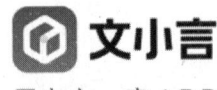

第 2 章　文小言 App 的核心功能

　　文小言App是百度旗下的一款"新搜索"智能助手，原名文心一言App，它基于文心大模型，提供搜索、创作、聊天等多样化的AI能力。本章将为大家详细介绍文小言App的下载与登录操作，并对其常用功能与特色功能进行详细讲解，帮助用户提升内容创作效率。

2.1 下载与登录文小言App

在使用文小言App生成文案与图片之前，首先需要下载、安装并登录文小言App。文小言App支持iOS和安卓平台，用户可以在各大应用商店搜索"文小言"，进行下载体验。本节主要介绍下载与登录文小言App的操作方法，并对其界面中的各功能进行详细介绍，帮助读者更好地了解文小言App。

2.1.1 下载、安装并登录文小言App

下面以华为P40手机为例，向大家介绍下载、安装并登录文小言App的方法，具体操作步骤如下。

步骤01 打开手机中的应用商店，❶点击搜索栏；❷在搜索文本框中输入"文小言"；❸点击"搜索"按钮，即可搜索到文小言（原文心一言）App；❹点击App右侧的"安装"按钮，如图2-1所示。

步骤02 执行操作后，即可开始下载并自动安装文小言App，安装完成后，App右侧显示"打开"按钮，如图2-2所示。

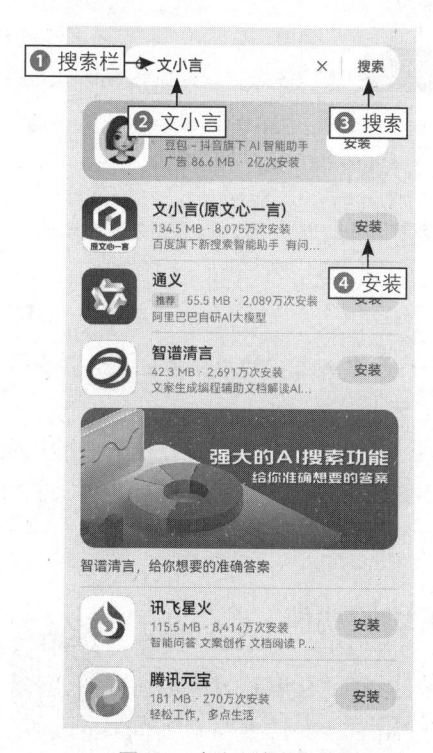

图2-1 点击"安装"按钮　　图2-2 显示"打开"按钮

步骤 03 点击"打开"按钮，弹出文小言App的"温馨提示"界面，点击"同意"按钮，如图2-3所示。

步骤 04 进入账号登录界面，❶选中底部相关协议复选框；❷点击"一键登录"按钮；如图2-4所示。

步骤 05 执行操作后，即可注册并登录文小言App，如图2-5所示。

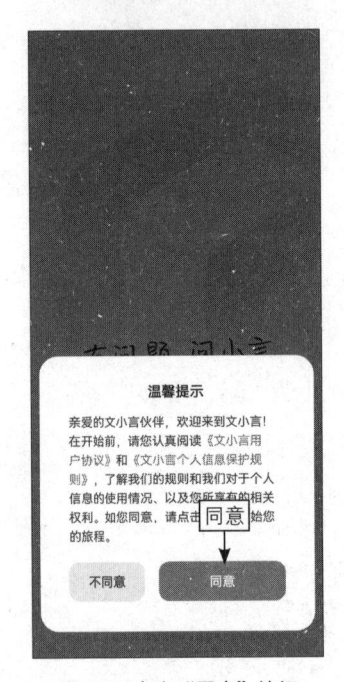

图2-3 点击"同意"按钮　　图2-4 点击"一键登录"按钮　　图2-5 注册并登录App

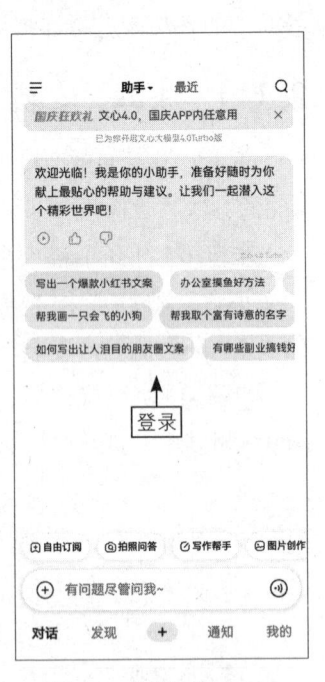

★ 专家提醒 ★

如果用户没有百度账号，则在图2-4所示的界面中点击"切换登录方式"按钮，在接下来的界面中可以通过手机号码注册文小言账号。

文小言App目前提供文心4.0 Turbo、文心4.0、文心3.5这3种版本大模型供用户选择。据官方透露，文小言App的月活跃用户数已突破千万大关，累计调用量超过了20亿次，日活跃用户和总时长的季环比均保持高速增长。

2.1.2　了解文小言App界面中各板块的功能

文小言的前身是文心一言App，2024年9月4日，百度官宣文心一言App正式升级为"文小言"，并定位为百度旗下"新搜索"智能助手。文小言App支持语音、文字、图片和文档等多种输入方式，用户不仅可以进

扫码看教学视频

行传统的文字搜索，还可以进行语音搜索、图片搜索等，甚至支持边拍边问、边看边问的灵活场景。

文小言App的界面简洁、直观，功能十分强大，主界面包含"对话"和"发现"等板块，用户可通过文字、语音或拍照等方式与AI进行互动，获取知识问答、文本创作等服务。下面介绍文小言App界面中各板块的主要功能，如图2-6所示。

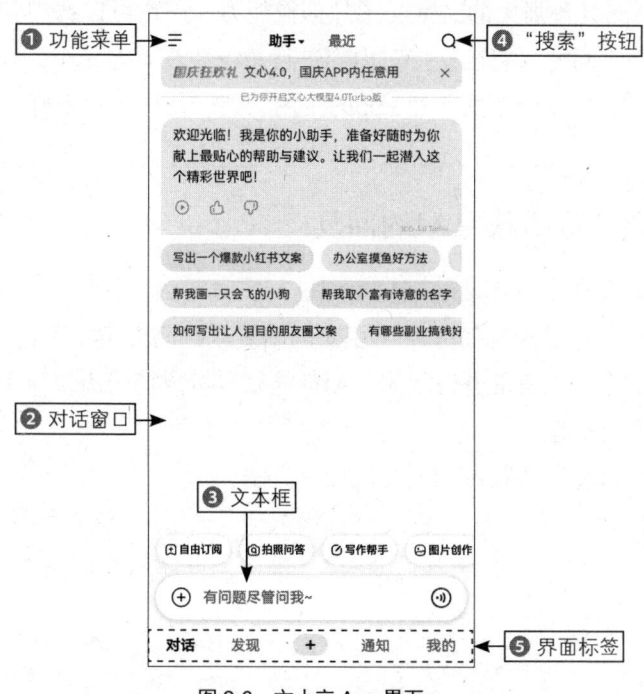

图 2-6 文小言 App 界面

下面对文小言App界面中各板块的各主要功能进行具体讲解。

❶ 功能菜单：点击左上角的≡按钮，即可显示功能菜单，其中包括"对话设置""个性化设置""通用设置"等板块，方便用户快速进行相关设置。

❷ 对话窗口：这是文小言App的核心功能区之一，是用户与文小言App进行智能对话的主要区域，会显示用户与文小言App的历史对话记录，方便用户回顾之前的对话内容，其对需要持续对话或参考之前信息的场景非常有用。

❸ 文本框：用户点击文本框，可以选择以文字、语音或拍照的形式，与AI进行交流。点击⊙按钮，即可"按住说话"，与AI进行语音对话；点击文本框左侧的⊕按钮，可以通过拍照、文档解析和打电话等形式，实现与AI的互动。

❹ 搜索按钮：点击Q按钮，即可跳转至搜索界面，用户可以在其中搜索感兴趣的内容。

❺ 界面标签：用户可以点击界面底部的相应标签，实现在不同功能界面间进行切换。例如，点击"发现"标签，即可切换至"智能体"或"社区"界面。

2.2 使用文小言 App 的常用功能

文小言App具备强大的文本与图片创作能力，用户可以利用其生成高质量的文章和图片等。同时，它还支持对内容进行总结和改写等操作，以满足用户的个性化需求。本节主要介绍文小言App的常用功能，帮助用户更好地使用文小言进行创作。

2.2.1 通过对话获得AI的回复

用户可以在文小言App中与AI模型进行实时对话，提出各种问题或需求，AI模型会迅速理解并给出相应的回复或解决方案。无论是查询信息、寻求建议，还是进行闲聊，AI都能以自然流畅的语言与用户互动，使应用体验更加生动有趣。

下面介绍通过对话获得AI回复的操作方法。

步骤01 打开文小言 App，进入"对话"界面，点击下方的文本框，如图 2-7 所示。

步骤02 在文本框中输入相应的指令，指导 AI 生成特定的内容，如图 2-8 所示。

图 2-7 点击下方文本框　　　　图 2-8 输入相应的指令

步骤03 点击右侧的发送按钮 7，即可将指令发送给文小言，AI模型会根据要求生成所需的内容，相关指令和回复内容如下。

😀 提问

请为我撰写一篇关于人工智能在医疗领域的应用文章。

文小言

人工智能在医疗领域的应用

随着科技的飞速发展，人工智能（AI）已经逐渐渗透到人们生活的方方面面，其中医疗领域无疑是受益最大的领域之一。AI以其强大的数据处理能力、精准的分析预测，以及不断优化的算法，正在逐步颠覆传统医疗模式，开启了一场全新的医疗革命。

一、AI在医疗领域的应用场景

1. 疾病诊断与影像分析

在医疗影像分析中，AI展现了巨大的潜力。通过深度学习和图像识别技术，AI能够快速、准确地分析CT、MRI等医学影像，识别出微小的病变迹象，提高诊断速度和准确性。例如，多家医疗机构采用基于深度学习的AI影像诊断系统，用于辅助医生分析肺结节、脑出血、乳腺癌等疾病的迹象，显著减少了漏诊和误诊率。此外，像Watson Health的沃森肿瘤解决方案，通过分析大量影像资料，为医生提供个性化的治疗建议，进一步提升了治疗效果。

2. 药物研发与基因疗法

AI在药物研发领域同样发挥着重要作用。传统的药物研发周期长、成本高，而AI技术可以通过分析大量的生物医学数据，快速发现潜在的新药靶点，模拟实验验证药物的有效性和安全性，从而大大缩短新药的研发周期，提高研发效率。例如，Insilico Medicine利用AI技术进行药物研发，已经取得了显著的成果。同时，AI还可以结合患者的基因序列，提供个性化的治疗建议，推动精准医疗的发展。

……

★ 专家提醒 ★

在对话窗口中，用手指按住AI模型生成的回复内容，在弹出的浮动面板中，点击"复制全文"按钮，可以一键复制所有内容。

2.2.2 开启语音播报模式

在文小言App中，语音播报模式为用户提供了更灵活、便捷的信息获取方式，可以让文小言自动播放文字回复。当用户在驾车、做家务或运动时，语音播报能让用户在不中断活动的情况下获取信息，极大地提升了用户的使用体验。

下面介绍开启语音播报模式的操作方法。

步骤 01 在文小言 App 中，点击界面左上角的功能菜单按钮，如图 2-9 所示。

步骤 02 弹出功能菜单，在"对话设置"选项区中打开"语音播报"功能，如图 2-10 所示，此时界面中提示用户新的回答将开启语音播报。

步骤 03 返回文小言 App 的对话窗口，在文本框中输入相应的指令，指导 AI 生成特定的内容，如图 2-11 所示。

步骤 04 点击右侧的发送按钮，文小言在生成内容的同时，会自动用语音读出内容，可以看到内容左下角有动态的音波图形，表示文小言正在朗读内容，如图 2-12 所示。

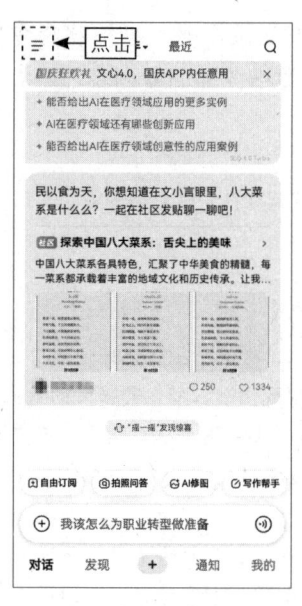

图 2-9　点击功能菜单按钮　　　图 2-10　打开"语音播报"功能

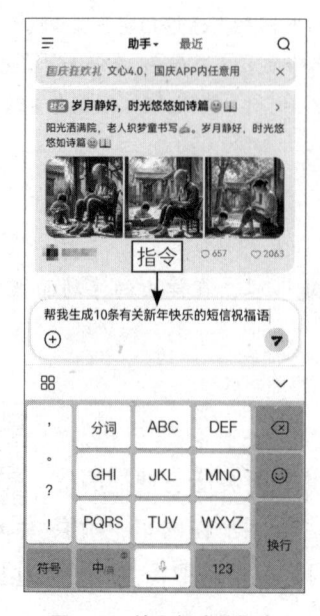

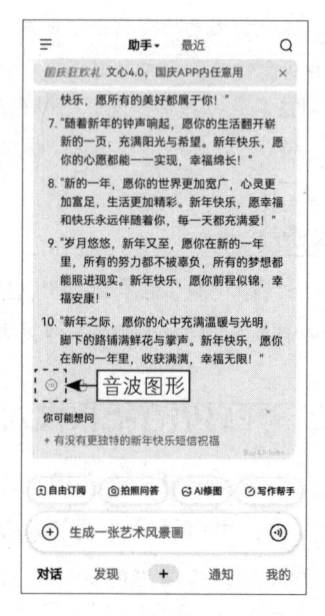

图 2-11　输入相应的指令　　　图 2-12　文小言正在朗读内容

步骤05 下面是对应的指令，以及文小言生成的内容。

提问

帮我生成10条有关新年快乐的短信祝福语。

文小言

1. 新年的钟声即将敲响，愿这温馨的祝福如春日暖阳，带给你无尽的喜悦与幸福。新年快乐，愿你的每一天都充满爱与希望！
2. 岁月流转，新年将至，愿你的生活如诗如画，每一个明天都比今天更加灿烂。新年快乐，愿幸福伴你左右，笑容常挂脸上！
3. 在这辞旧迎新的美好时刻，愿你的梦想在新的一年里扬帆起航，成就非凡。新年快乐，愿健康、快乐、成功与你同行！
4. 新年到，福气到！愿这新的一年为你带来无尽的幸运与喜悦，每一个愿望都能如愿以偿。新年快乐，愿幸福时刻围绕着你！
5. 岁月不居，时节如流，愿新年的钟声带走旧岁的烦恼，带来新年的好运与欢笑。新年快乐，愿你的每一天都精彩纷呈！
6. 新年新气象，愿你在新的一年里，事业有成，身体健康，家庭幸福，万事如意。新年快乐，愿所有的美好都属于你！
7. 随着新年的钟声响起，愿你的生活翻开崭新的一页，充满阳光与希望。新年快乐，愿你的心愿都能一一实现，幸福绵长！
……

2.2.3 通过语音与AI进行交流

在文小言App中，当用户不想打字，又想快速输入复杂或长篇信息时，可以通过语音与AI进行交流。这种方式提供了便捷的信息输入和获取途径，更加贴近人类日常的沟通习惯。因此，语音交流在文小言App中成了一种灵活、高效的信息交互方式。下面介绍通过语音与AI进行交流的操作方法。

步骤01 进入"对话"界面，点击右下角的语音按钮◉，如图2-13所示。

步骤02 执行操作后，按住"按住说话"按钮，如图2-14所示。

步骤03 按住按钮不要松开，同时用语音说出指令内容，界面中显示了语音转换的中文内容，如图2-15所示。

步骤04 松手后将自动发送指令，文小言即可根据要求生成所需的内容，相关指令和回复内容如下。

图 2-13　点击语音按钮 　　图 2-14　按住"按住说话"按钮 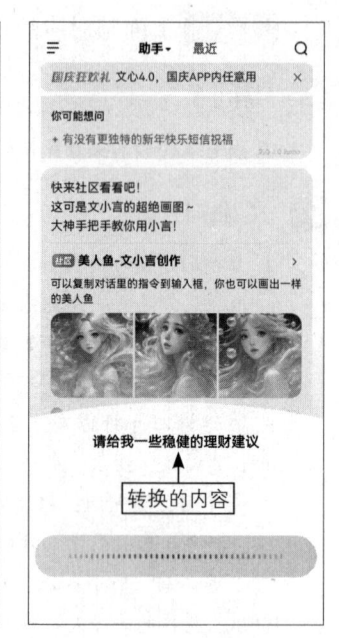　　图 2-15　显示了转换的内容

🙂 提问

请给我一些稳健的理财建议

🤖 文小言

当然可以给你一些稳健的理财建议。稳健的理财方式通常意味着风险相对较低，同时能够带来稳定的收益。以下是一些具体的建议。

1. 银行定期存款

优点：保本保息，风险极低，收益稳定。

适合人群：风险承受能力较低的投资者，尤其是那些希望保障资金安全的人群。

注意事项：定期存款的利率可能相对较低，且资金在存款期间不能随意取出，否则可能会损失部分利息。

2. 国债和地方政府债

优点：由国家信用背书，风险极低，收益稳定。国债的流动性也相对较好，可以在二级市场上交易。

适合人群：追求稳定收益的投资者。

购买方式：可以通过银行、证券公司等渠道购买。

……

2.2.4 上传图片获得营销文案

在文小言App中,用户只需选择或拍摄心仪的图片,AI模型便会识别图像元素,结合热门营销词汇,瞬间生成吸引眼球的文案。无论是产品推广还是品牌宣传,都能轻松获得贴合图像内容、富有感染力的文字描述,使内容营销更加生动、有趣,有效提升用户互动率与转化率。下面介绍上传图片获得营销文案的操作方法。

步骤01 进入"对话"界面,点击左下角的"加号"按钮⊕,如图2-16所示。

步骤02 展开相应的面板,点击"拍照"按钮,如图2-17所示。

步骤03 进入拍照界面,❶拍摄一张商品图片;❷在下方的文本框中输入相应指令,指导AI生成特定的内容,如图2-18所示。

图2-16 点击"加号"按钮　　图2-17 点击"拍照"按钮　　图2-18 输入相应指令

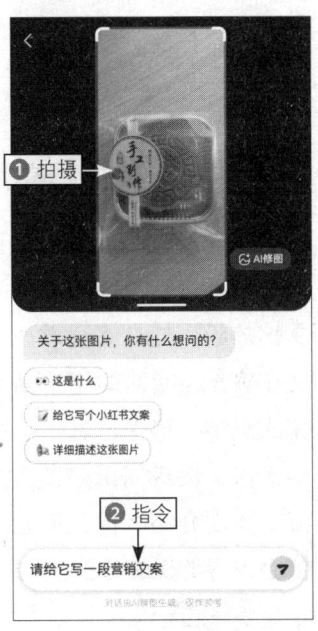

步骤04 点击右侧的发送按钮➤,文小言即可根据要求生成相应的营销文案,相关指令和回复内容如下。

🙂 提问

请给它写一段营销文案。

文小言

> 品味经典，传承匠心——中秋佳节必备手工月饼！
> 1. 遵循古法，匠心独运：
> 每一枚月饼都承载着对传统工艺的尊重与传承，采用遵古秘方，纯手工制作，只为还原那份最纯粹的美味。
> 2. 健康休闲，尽享美味：
> 精选优质食材，无添加，更健康。无论是作为休闲小吃，还是茶余饭后的甜点，都能让您尽享美味，无负担。
> 3. 精美包装，心意满满：
> 金色包装彰显尊贵，精美图案设计凸显文化底蕴。无论是自用还是赠送亲友，都是一份充满心意的选择，让您的中秋佳节更加温馨、难忘。
> 4. 传统与现代完美融合：
> 在品味传统美味的同时，也能感受到现代设计的魅力。这款手工月饼，让您在享受美味的同时，也能领略到传统文化的韵味。
> ……

2.2.5 上传文档总结核心内容

在文小言App中可以上传多种格式的文档，AI模型可以对文档的核心内容进行总结与提炼，通过AI模型的精准概括，读者能迅速把握文档核心，提升阅读效率。文小言App能辅助用户高效完成总结，确保信息传达准确无误，促进知识共享与交流。下面介绍上传文档总结核心内容的操作方法。

扫码看教学视频

步骤 01 进入"对话"界面，点击左下角的"加号"按钮⊕，如图2-19所示。

步骤 02 展开相应的面板，点击"文档解析"按钮，如图2-20所示，通过该按钮可以让AI模型解析文档内容。

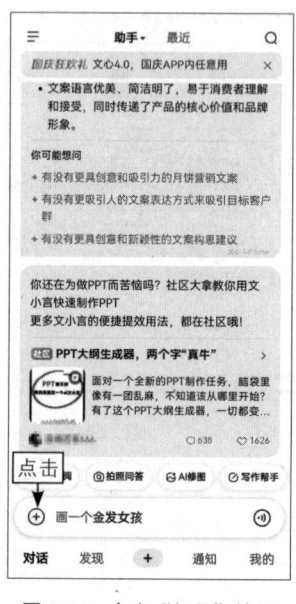

图 2-19　点击"加号"按钮　　图 2-20　点击"文档解析"按钮

步骤 03 进入"最近"界面,在其中选择需要上传的文档,如图2-21所示。

步骤 04 返回"对话"界面,文本框上方显示已上传的文档,下方文本框中显示了"整理文件的核心内容"的指令,点击右侧的"发送"按钮 ,如图2-22所示。

图 2-21 选择需要上传的文档　　图 2-22 点击右侧的"发送"按钮

步骤 05 执行操作后,文小言即可根据要求整理文件中的核心内容,涵盖文档主题、要点及结论,相关指令和回复内容如下。

🙂 提问

整理文件的核心内容。

💬 文小言

这份文件是分镜头脚本的相关介绍,主要讲述了分镜头脚本的历史发展脉络,以及分镜头在影视中的应用。以下是核心内容。
一、分镜头脚本的历史
1.早期电影与分镜头的萌芽:
早期电影主要由单一镜头组成,内容多为短小的纪录片或戏剧表演,镜头固定,没有复杂的切换或剪辑技术。导演和摄制团队依靠剧本和临场发挥来拍摄,分镜头概念尚未出现。

2.电影语言的成熟与分镜头的初步应用：
20世纪初，电影叙事手法逐渐成熟，导演开始探索剪辑不同的镜头来增强故事的表达。分镜头脚本主要以文字描述为主，导演依赖剧本或草图规划镜头。
3.动画片与现代分镜的诞生：
动画片制作需要对每一帧画面详细设计和规划，推动了分镜头脚本的系统化发展。沃尔特·迪士尼在动画工作室中开始使用分镜头脚本，通过绘制一系列图板展示每个镜头。
……

2.2.6 快速搜索感兴趣的内容

在文小言App中，"对话"界面右上角的搜索功能极为强大，用户可以搜索各种信息，如对话历史、智能体及社区资讯等。此外，文小言还能搜索天气、音乐、餐厅、景点等，让信息获取更加便捷、高效。下面介绍快速搜索内容的操作方法。

步骤01 进入"对话"界面，点击右上角的"搜索"按钮Q，如图2-23所示。

步骤02 执行操作后，进入搜索界面，在上方的搜索框中输入需要搜索的内容"如何应对强对流天气"，如图2-24所示。

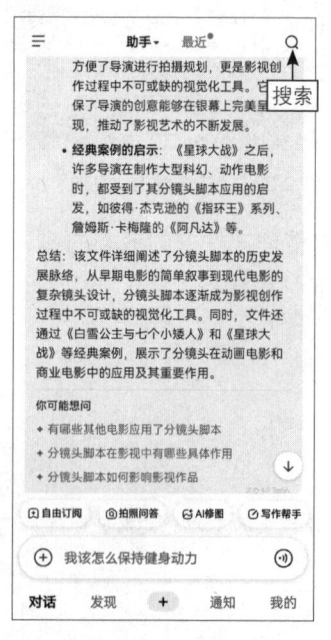

图2-23 点击"搜索"按钮　　图2-24 输入需要搜索的内容

步骤03 ❶点击右侧的"搜索"按钮，即可搜索到相应的内容；❷点击第1个标题"如何应对强对流天气"，如图2-25所示。

步骤 04 执行操作后，进入相应的界面，其中显示了如何应对强对流天气的方法，用户可以查看搜索到的相关内容，如图2-26所示。

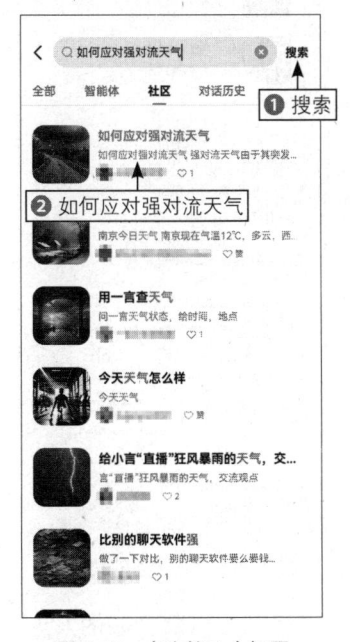

图 2-25 点击第 1 个标题

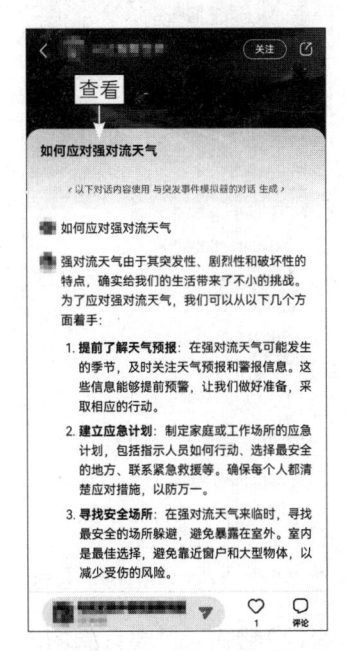

图 2-26 查看搜索到的内容

2.3 使用文小言 App 的特色功能

在文小言App中，还有许多特色功能，例如自由订阅、拍照问答、拍照搜题、AI修图及写作帮手等，这些功能不仅提升了用户体验，还满足了用户在学习、创作和日常生活中的多元化需求，本节将对这些特色功能进行详细讲解。

2.3.1 自由订阅AI最新资讯

"自由订阅"功能是文小言App的一项个性化服务，允许用户根据自己的兴趣和需求，自由选择并订阅感兴趣的内容板块或话题。这一功能使用户能够定制专属的信息流，及时获取最新的资讯和动态，避免无关信息的干扰，极大地提升了信息获取的效率和质量，下面介绍具体的操作方法。

步骤 01 进入"对话"界面，点击"自由订阅"按钮，如图2-27所示。

步骤 02 弹出"自由订阅"面板，在其中可以设置信息推送的时间，点击下方的文本框，如图2-28所示。

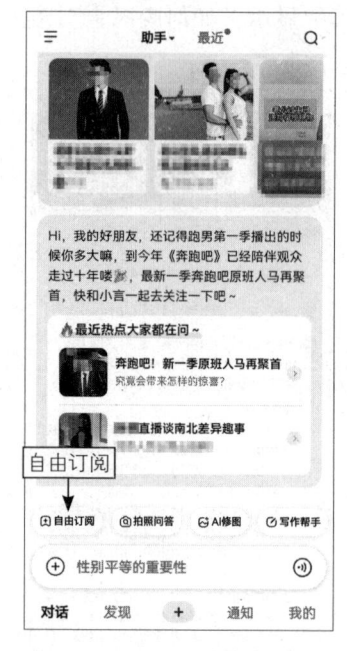

042 | 文心一言：AI助手高效办公技巧大全

图 2-27 点击"自由订阅"按钮

图 2-28 点击下方的文本框

步骤 03 ❶输入需要订阅的内容；❷点击"发送"按钮，如图2-29所示。

步骤 04 执行操作后，即可成功订阅相关资讯，如图2-30所示。

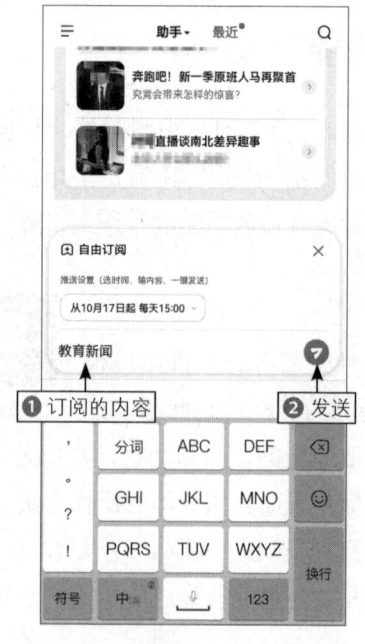

图 2-29 点击"发送"按钮

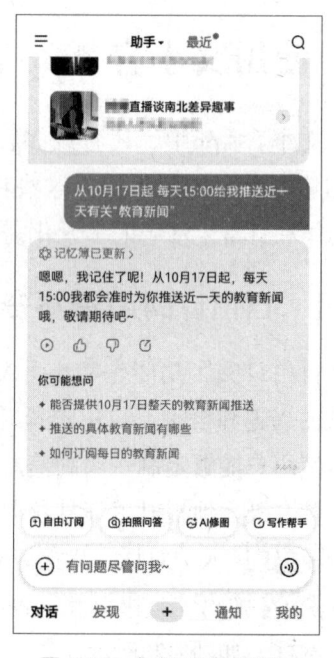

图 2-30 成功订阅相关资讯

★ 专家提醒 ★

在图2-29中,点击"自由订阅"面板中的推送时间,将弹出"推送时间"面板,在其中用户可以自由设置推送日期,可设置为每天、每周、仅单次,文小言App将按照用户设定的时间进行信息推送。

2.3.2 使用拍照问答获得信息

"拍照问答"功能是一种便捷的信息获取方式,用户只需用手机拍摄问题图片,如文字段落、物体细节等,系统即可自动识别并搜索相关信息,快速返回相关解答或资料。该功能结合了图像识别与搜索引擎技术,极大地提升了问题解决的效率,尤其适用于识别复杂的图案、解答专业问题或快速获取实物信息,是学习与工作中不可或缺的智能助手。下面介绍使用拍照问答获得信息的操作方法。

扫码看教学视频

步骤 01 进入"对话"界面,点击"拍照问答"按钮,如图2-31所示。

步骤 02 进入"图片问答"界面,❶将手机摄像头对准要拍摄的对象;❷点击"拍摄"按钮,如图2-32所示,执行操作后,即可拍摄一张照片。

步骤 03 进入相应的界面,上方显示了刚拍摄的照片,如图2-33所示。

图 2-31 点击"拍照问答"按钮　　图 2-32 点击"拍摄"按钮　　图 2-33 显示拍摄的照片

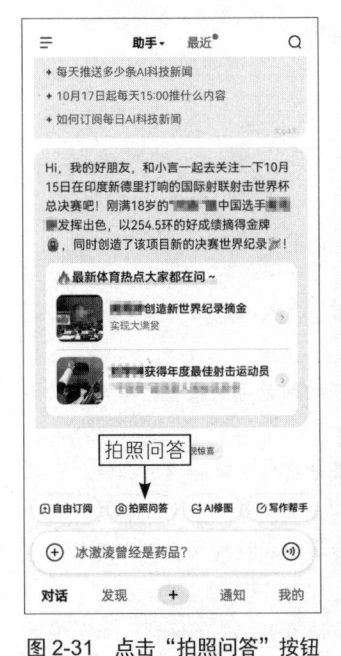

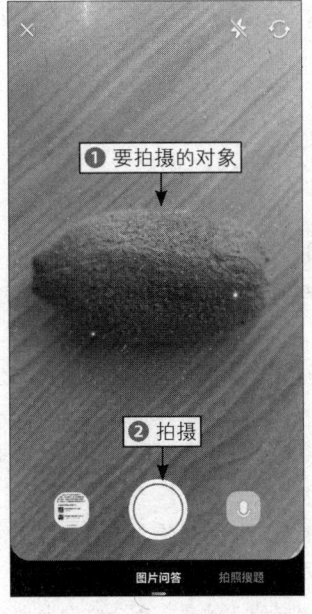

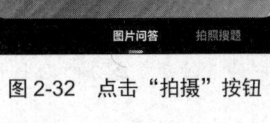

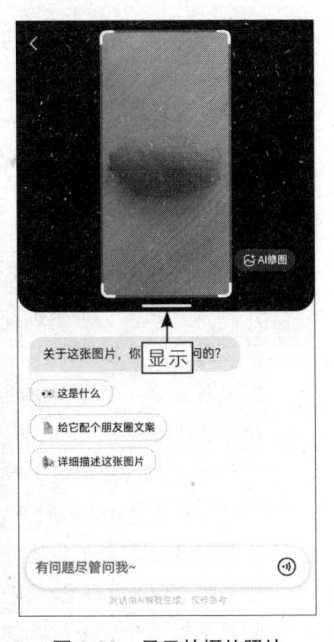

步骤 04 ❶在下方的文本框中输入相应的指令;❷点击"发送"按钮,如

图2-34所示。

步骤 05 执行操作后,即可获得文小言回答的相关内容,如图2-35所示。

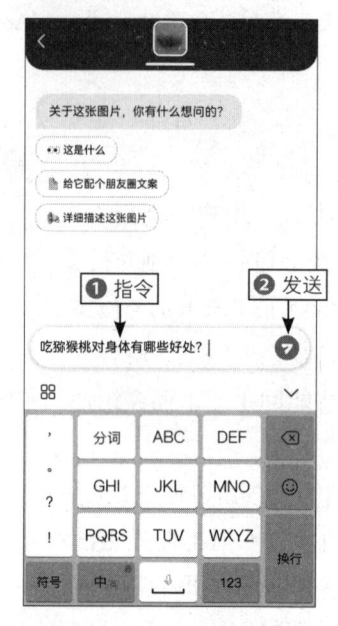

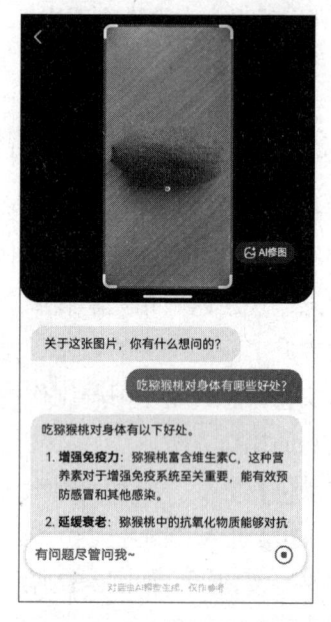

图 2-34　点击"发送"按钮　　　　图 2-35　文小言回答的内容

步骤 06 下面是对应的指令,以及文小言生成的内容。

🙂 提问

吃猕猴桃对身体有哪些好处?

文小言

吃猕猴桃对身体有以下好处。

1. 增强免疫力:猕猴桃富含维生素C,这种营养素对于增强免疫系统至关重要,能有效预防感冒和其他感染。

2. 延缓衰老:猕猴桃中的抗氧化物质能够对抗自由基,保护细胞免受损害,从而有助于延缓衰老过程。

3. 促进消化:猕猴桃含有多种矿物质和膳食纤维,这些成分有助于改善肠道功能,预防便秘,保持消化系统健康。

4. 辅助减肥:由于其低热量和高纤维的特点,猕猴桃成为减肥和控制体重的理想水果。它有助于增加饱腹感,减少其他高热量食物的摄入。

5. 维护心血管健康:猕猴桃中的多种营养成分对心血管系统有益,能够降低心血管疾病的风险,保护心脏健康。

综上所述,猕猴桃是一种营养丰富的水果,适量食用对身体健康有着多方面的积极影响。

2.3.3 使用拍照搜题获得答案

"拍照搜题"是文小言App中一项极具创新的学习辅助功能,它利用先进的图像识别技术和强大的题库资源,允许用户通过手机摄像头快速捕捉题目图片,系统随即对图片中的题目进行精准识别,并在庞大的题库中搜索与之匹配的题目或相似题型。一旦找到,系统会立即展示详细的解题步骤、思路分析和答案解析,帮助用户迅速理解题目并掌握知识点。

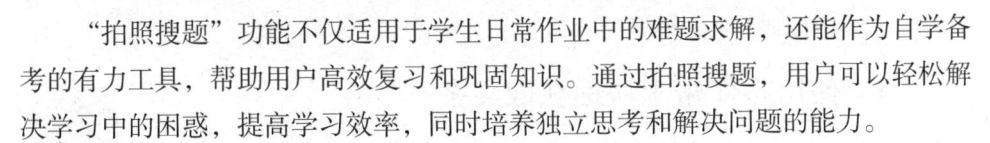

"拍照搜题"功能不仅适用于学生日常作业中的难题求解,还能作为自学备考的有力工具,帮助用户高效复习和巩固知识。通过拍照搜题,用户可以轻松解决学习中的困惑,提高学习效率,同时培养独立思考和解决问题的能力。

下面介绍使用拍照搜题获得答案的操作方法。

步骤01 进入"对话"界面,点击"拍照问答"按钮,进入"图片问答"界面,点击"拍照搜题"标签,如图2-36所示。

步骤02 进入"拍照搜题"界面,❶将手机摄像头对准题目内容;❷点击"拍摄"按钮◯,如图2-37所示。

步骤03 执行操作后,即可拍摄题目内容,界面下方将生成题目与答案解析内容,如图2-38所示。

图 2-36 点击"拍照搜题"标签 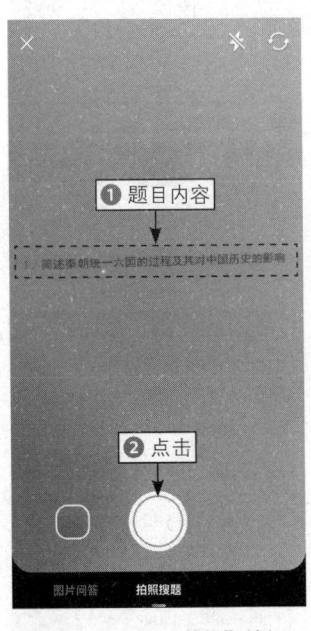　　图 2-37 点击"拍摄"按钮 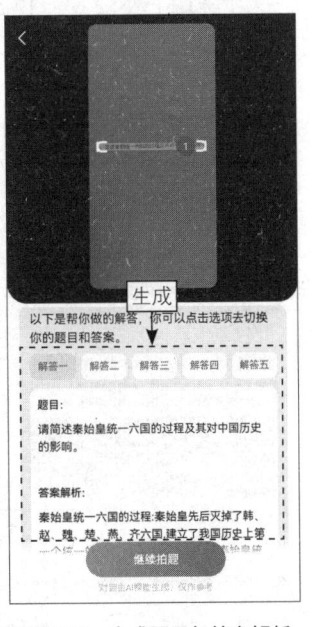　　图 2-38 生成题目与答案解析

步骤04 下面是对应的题目,以及文小言生成的答案解析。

提问

简述秦朝统一六国的过程及其对中国历史的影响。

文小言

秦始皇统一六国的过程：秦始皇先后灭掉了韩、赵、魏、楚、燕、齐六国，建立了我国历史上第一个统一的中央集权国家——秦朝。

秦始皇统一六国对中国历史的影响：奠定了中国封建制度的基础，促进了经济、文化的发展，开创了统一多民族国家的先河。

2.3.4 使用写作帮手快速获取文案

"写作帮手"功能主要通过自然语言处理和机器学习等先进技术，为用户提供一系列写作辅助服务，包括自动生成祝福语、作文、发言稿、工作总结及宣传文案等，旨在帮助广大写作爱好者、专业人士及需要频繁撰写各类文稿的人群，减轻写作负担，提升写作质量。下面介绍使用写作帮手快速获取文案的操作方法。

扫码看教学视频

步骤01 进入"对话"界面，点击"写作帮手"按钮，如图2-39所示。

步骤02 弹出"写作帮手"面板，其中包括多种体裁类型，如图2-40所示。

步骤03 ❶设置"体裁"为"宣传文案"；❷输入相应的指令，指导AI生成特定的内容，如图2-41所示。

图 2-39 点击"写作帮手"按钮　　图 2-40 "写作帮手"面板　　图 2-41 输入相应的指令

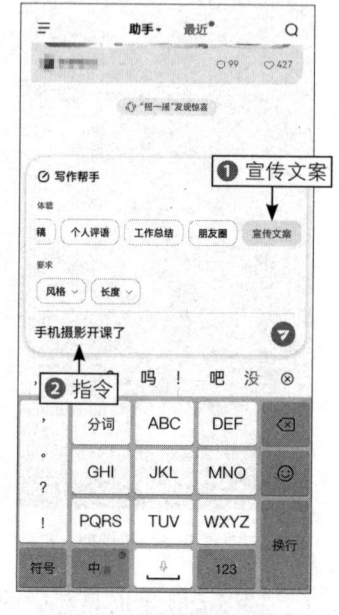

步骤04 点击发送按钮❼，文小言即可根据要求快速生成相应的宣传文案，相关指令和回复内容如下。

提问

手机摄影开课了。

文小言

【手机摄影开课啦！定格生活之美，从这一刻启航】
你是否曾驻足于街头巷尾，被一抹夕阳或一朵绽放的小花深深吸引，却苦于无法用镜头捕捉那份感动？是否觉得手机里的照片总是少了点"味道"，想要提升摄影技巧，却又找不到合适的入门途径？
恭喜你！你的摄影之旅即将迎来华丽蜕变！我们的"手机摄影开课了"系列课程，专为热爱生活、渴望记录美好的你量身定制！
课程亮点：
1. 基础入门到进阶：从构图法则到光线运用，从色彩调整到后期编辑，一步步带你走进手机摄影的艺术殿堂。
2. 实战演练：户外拍摄活动，实地教学如何捕捉自然风光、人文街拍、美食特写，让理论与实践完美结合。
3. 创意激发：解锁手机摄影的无限可能，利用App特效、滤镜，让你的作品脱颖而出，展现个人风格。
……

2.3.5 使用AI修图一键去除照片杂物

在文小言App中，"AI修图"功能是一项强大的照片编辑工具，它运用先进的人工智能技术，自动识别并优化照片中的细节，使照片更加自然、生动。用户无须具备专业的修图技能，只需简单操作，即可实现一键去除杂物、局部替换画面、AI扩图及AI去水印等效果，如图2-42所示。

图2-42 一键去除照片中的杂物

下面介绍使用AI修图一键去除照片杂物的操作方法。

步骤 01 进入"对话"界面，在下方点击"AI修图"按钮，如图2-43所示。

步骤 02 进入"AI修图"界面，点击"上传照片，一键修图"按钮，如图2-44所示。

步骤 03 进入"手机相册"界面，❶ 在其中选择需要上传的照片素材；❷ 点击"完成"按钮，如图2-45所示。

步骤 04 执行操作后，进入照片编辑界面，在下方点击"涂抹消除"按钮，如图2-46所示。

图2-43 点击"AI修图"按钮　　图2-44 点击相应按钮

图2-45 点击"完成"按钮　　图2-46 点击"涂抹消除"按钮

步骤 05 弹出相应的面板，在照片左侧的绿植处进行适当涂抹，表示需要去除这些绿植，如图2-47所示。

步骤06 用同样的方法，❶继续在照片中的其他区域进行涂抹；❷点击下方的确认按钮✓，如图2-48所示。

步骤07 执行操作后，即可去除照片中不需要的元素，点击"保存"按钮，如图2-49所示。

步骤08 稍等片刻，即可将照片保存到手机，在界面中点击"完成"按钮，如图2-50所示，即可完成AI修图操作。

图 2-47　进行适当涂抹　　图 2-48　点击下方的确认按钮

图 2-49　点击"保存"按钮　　图 2-50　点击"完成"按钮

2.3.6 通过打电话与AI直接沟通

文小言App中的"打电话"功能是一项创新的人工智能交互体验，用户可通过该功能直接拨打电话，与内置的AI进行实时对话。AI具备高度智能和学习能力，能理解复杂的指令，提供个性化回应。无论是咨询问题、寻求建议，还是进行闲聊，AI都能自然流畅地与用户交流，给用户带来前所未有的互动感受。

扫码看教学视频

下面介绍通过打电话与AI直接沟通的操作方法。

步骤01 进入"对话"界面，点击左下角的加号按钮⊕，弹出相应的面板，点击"打电话"按钮，如图2-51所示。

步骤02 进入通话界面，显示"电话接通中"，如图2-52所示。

图2-51 点击"打电话"按钮

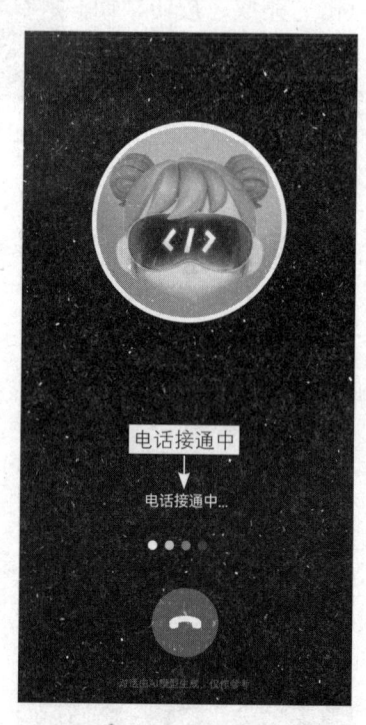

图2-52 显示"电话接通中"

步骤03 稍等片刻，进入AI聊天界面，AI通过语音的方式与用户打招呼，字幕显示在界面中，如图2-53所示。

步骤04 用户通过语音的方式，说出自己的需求，例如"帮我生成一个长沙三天旅游方案"，字幕同样会显示在界面中，如图2-54所示。

步骤05 此时，AI正在思考，稍等片刻，即可生成相应的语音回复，字幕显示在界面中，如图2-55所示，在界面中用户可根据需要多次与AI进行互动沟通。

图 2-53　字幕显示在界面中

图 2-54　用户通过语音进行沟通

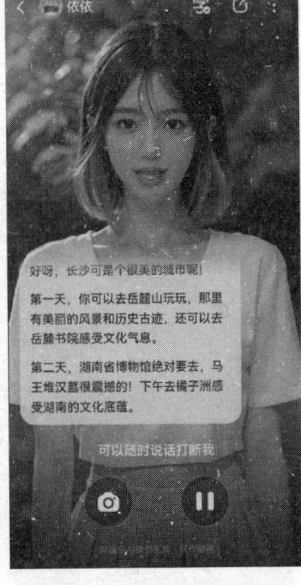

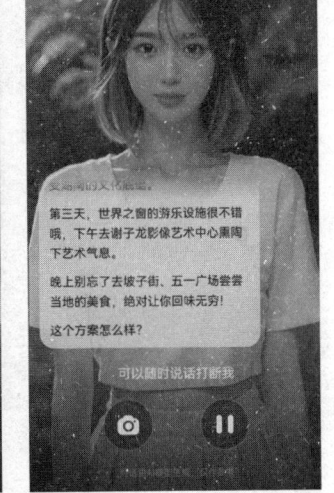

图 2-55　AI 生成相应的回复

第 3 章　提示词的编写和优化技巧

在文心一言中，对提示词进行编写和优化至关重要，因为它直接影响与AI模型的交互效果。明确、具体的提示词能帮助AI更准确地理解用户的意图，从而提高响应的准确性，优化提示词能使AI生成的内容更符合用户的期望。本章将介绍文心一言提示词的编写和优化技巧，帮助大家构建高质量的AI内容，使文案创作更加高效和便捷。

3.1 智能生成文心一言的提示词

在文心一言中,"百宝箱"功能为用户提供了一键获取多种常用提示词(又称为指令)的便利,这些提示词覆盖了广泛的主题和应用场景,旨在帮助用户更快速地构建问题或引导AI生成所需内容。通过百宝箱,用户可以节省自行编写提示词的时间和精力,同时提高与文心一言交互的效率和效果,这一功能提升了用户的体验感和满意度。本节主要介绍使用文心一言的"百宝箱"功能一键生成提示词的操作方法。

3.1.1 一键生成热门提示词

在文心一言的百宝箱中,有一个"今日热门"板块,这是一个动态变化的功能区域,旨在为用户提供当天较为热门的提示词,这些提示词通常与当前的时事热点、季节天气及流行趋势等密切相关,能够帮助用户快速获取较为热门的提示词。

下面介绍使用"今日热门"板块一键生成热门提示词的操作方法。

步骤01 打开文心一言的"对话"页面,在左侧的导航栏中单击"百宝箱"按钮,如图3-1所示。

步骤02 弹出"一言百宝箱"窗口,在"精选"选项卡的"今日热门"板块中,单击相应指令下方的"使用"按钮,如图3-2所示。

图 3-1 单击"百宝箱"按钮　　　　图 3-2 单击"使用"按钮

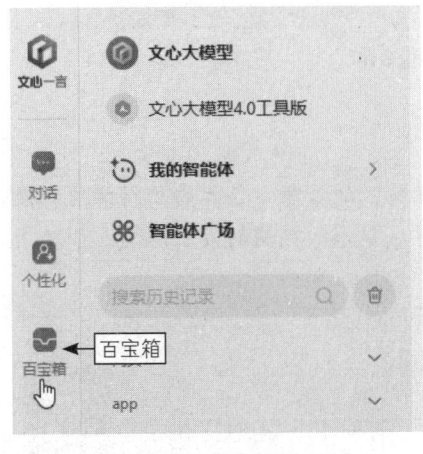

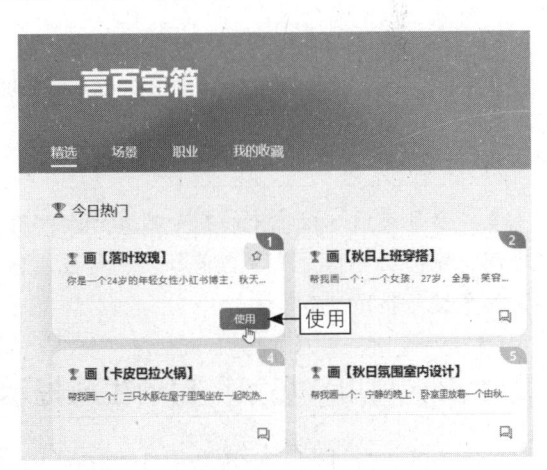

步骤03 执行操作后,返回文心一言页面,在下方的文本框中显示了相关热门指令,指导AI生成特定的图片内容,如图3-3所示。

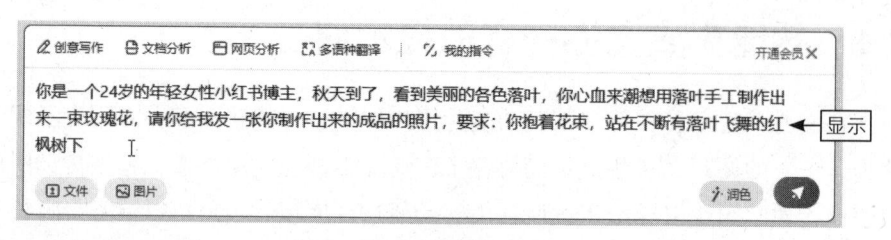

054 | 文心一言：AI助手高效办公技巧大全

图 3-3 显示了相关热门指令

步骤 04 单击发送按钮，文心一言即可根据要求生成相应的图像效果，如图3-4所示。从图中可以看出，文心一言能够根据用户输入的文本描述，自动生成与之匹配的图像，能够满足用户多样化的需求。

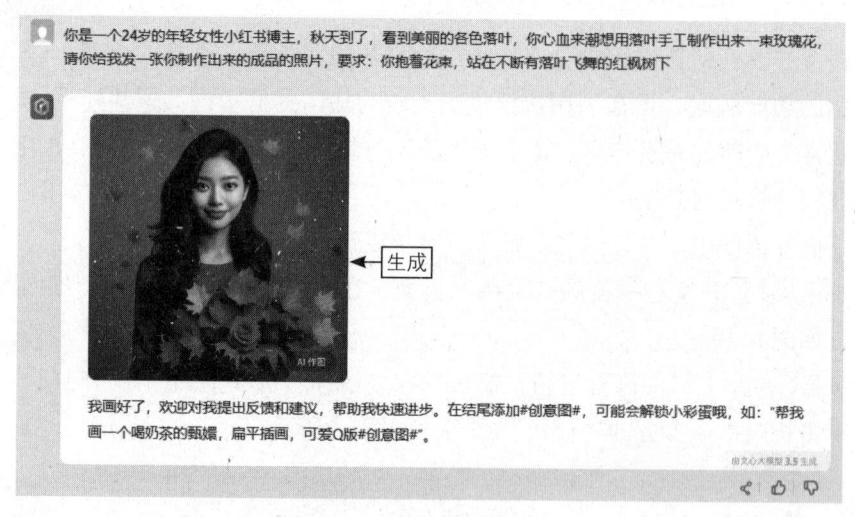

图 3-4 生成相应的图像效果

★ 专家提醒 ★

"今日热门"板块中的指令内容每天都有变化，通过展示当天的热门话题和提示词，能够引导用户关注当前社会、科技、体育、娱乐等领域的最新动态，帮助用户拓宽视野和知识面。

3.1.2 利用"场景"自动生成提示词

在文心一言的百宝箱中，有一个"场景"选项卡，其中提供了丰富的写作场景，可以生成创意写作、灵感策划、人物对话、商业分析、教育培训及热门节日等场景的文案。用户可以根据具体需求，选择相应的场景，快速获取符合要求的文案或内容。这一功能不仅提高了写作效率，还保证了内容的专业性。

下面介绍在"场景"选项卡中自动获取提示词生成文案的操作方法。

步骤01 在左侧的导航栏中单击"百宝箱"按钮，弹出"一言百宝箱"窗口，如图3-5所示。

图3-5 弹出"一言百宝箱"窗口

步骤02 ❶切换至"场景"选项卡；❷单击"热门节日"标签，其中显示了热门节日的相关指令模板；❸单击"七夕晚餐攻略"下方的"使用"按钮，如图3-6所示。

图3-6 单击"七夕晚餐攻略"下方的"使用"按钮

步骤 03 执行操作后，返回文心一言页面，在下方的文本框中显示了相关节日指令，指导AI生成特定的内容，单击发送按钮➤，文心一言即可根据要求生成所需的内容，相关指令和回复内容如下。

💬 提问

你是一名资深旅游美食博主，请你为即将到来的七夕，做一份约会餐厅预订和布置攻略。

🅑 文心一言

作为一名资深旅游美食博主，很高兴为您提供一份七夕约会餐厅预订和布置攻略，希望能为您的浪漫之夜增添一份难忘的回忆。

一、餐厅预订

1.提前规划

·时间：七夕节当天餐厅预订极为火爆，建议至少提前两周进行预订，以确保心仪的餐厅和座位。

·餐厅类型：根据双方口味和喜好，选择法式、日式、中式或主题餐厅同，环境优雅、服务周到的餐厅更能增添浪漫氛围。

2.预订细节

·座位选择：预订时尽量要求靠窗或安静的位置，以便享受美景和私密空间。

·菜品确认：询问餐厅是否有七夕特别套餐或推荐菜品，了解菜品口味，避免过敏食材。

·特殊要求：如有特殊布置需求（如鲜花、蜡烛等），或需要安静的音乐氛围，提前与餐厅沟通。

二、餐厅布置

1.桌面布置

……

3.1.3 利用"职业"自动生成提示词

在文心一言的百宝箱中，有一个"职业"选项卡，它专为不同职业的用户设计，提供了丰富的文案生成模式。无论是自媒体、技术研发、市场营销还是党政机关，用户都能在这里找到相关职业的文案提示词。通过选择相关职业的提示词，用户可以快速生成符合自己需求的文章或报告，极大地提高了工作效率。

下面介绍在"职业"选项卡中自动获取提示词生成文案的操作方法。

第3章 提示词的编写和优化技巧 | 057

步骤01 在左侧的导航栏中单击"百宝箱"按钮,弹出"一言百宝箱"窗口,❶切换至"职业"选项卡;❷单击"行政人力"标签,其中显示了行政人力的相关指令模板;❸单击"HR谈薪方法"下方的"使用"按钮,如图3-7所示。

图 3-7 单击"HR谈薪方法"下方的"使用"按钮

步骤02 执行操作后,返回文心一言页面,在下方的文本框中显示了相关指令模板,指导AI生成特定的内容,单击发送按钮,文心一言即可根据要求生成所需的内容,相关指令和回复内容如下。

提问

你是资深HRBP,你需要给出5个和候选人谈薪的方法,要求尽可能留住优秀候选人,同时兼顾公司的用人成本。

文心一言

作为资深HRBP(人力资源业务伙伴),在与候选人进行薪酬谈判时,平衡公司用人成本和留住优秀人才是一项挑战。以下是5个有效的谈薪方法,旨在实现这一目标。
1. 充分了解市场薪酬水平
在谈判前,通过市场调研了解该职位在同行业、同地区的薪酬范围。这有助于你设定一个既符合公司预算又具有竞争力的薪酬水平。如果候选人提出的薪酬高于公司预期,可以引用市场数据来说明公司的薪酬策略,同时强调公司的其他福利和职业发展机会。
2. 强调整体薪酬包
除了基本薪资,还可以向候选人介绍公司的整体薪酬包,包括奖金、股票期权、健康保险、退休金计划、带薪休假等。强调这些额外福利的价值,特别是那些看重工作生活平衡和长期职业发展的候选人。

3.灵活薪酬方案

对于特别优秀的候选人，可以考虑提供灵活的薪酬方案，如绩效奖金、项目奖金或股权激励等。这些方案可以根据候选人的绩效和公司业绩进行调整，既能够吸引和留住人才，又能够控制公司的用人成本。

……

★ 专家提醒 ★

"职业"选项卡中的各类指令模板，不仅适用于职场人士，也对学生等群体有着广泛的实用价值。

3.1.4 使用智能体中的提示词模板

在文心一言中，智能体广场是一个汇聚众多智能体的平台，这些智能体各自携带丰富的提示词模板，旨在帮助用户快速、高效地编写提示词。用户可以通过浏览智能体上的模板，轻松找到与自身需求相匹配的提示词，从而简化编写过程，提升效率。

下面介绍引入智能体自动生成提示词的操作方法。

步骤01 在文心一言页面的左上方，单击"智能体广场"按钮，如图3-8所示。

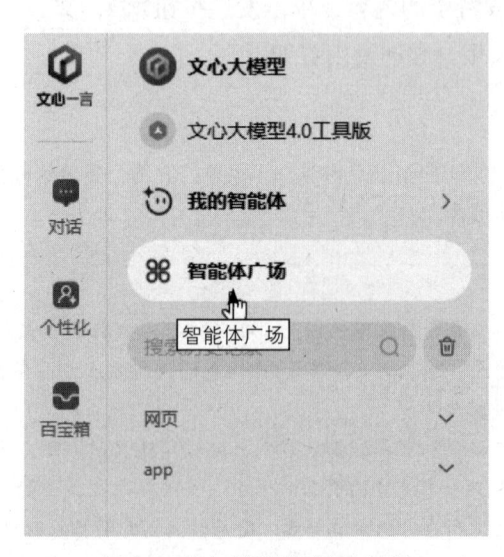

图 3-8 单击"智能体广场"按钮

步骤02 进入"智能体广场"页面，在"垂类知识"选项区中，选择"职场先锋"智能体，如图3-9所示。

第3章 提示词的编写和优化技巧 | 059

智能体广场

全部 最近使用

垂类知识

- **生物化学学习助手**
  你好,我是生物化学学者,欢迎你向我咨询生物化学方面的问题。

- **驾考导师**
  你好,我是一个专业的驾照考试教练,我可以帮助你提高驾驶水平。请告诉我你需要什么帮助或者有什么问…

  职场先锋 →

- **自然语言处理专家**
  自然语言处理领域的知识宝库,为您提供专业解答和前沿动态。

- **职场先锋**
  你好,我是职场先锋,一个专为职场人设计的智能体。我的目标是提供职业建议、解读工作场所礼仪、分享…

- **学术检索专家**
  百度学术提供的文献检索插件,收录6.8亿文献信息资源,覆盖国内外120万个学术站点,为用户提供全面的…

- **百科同学**
  一个可以答疑所有历史问题的小能手,无论问哪个历史时期、哪个历史事件或哪个历史人物,我都会尽力…

- **商业信息查询**
  爱企查提供商业信息检索能力,可用于查企业工商/上市等信息、查老板任职/投资情况。

- **加盟资讯顾问**
  加盟星提供加盟信息检索能力,可用于查询具体品牌的加盟流程、加盟费用、加盟条件等信息。

图 3-9 选择"职场先锋"智能体

步骤 03 执行操作后,进入职场先锋页面,在其中选择相应的指令模板,如图3-10所示。

你好,我是职场先锋

你好,我是职场先锋,一个专为职场人设计的智能体。我的目标是提供职业建议、解读工作场所礼仪、分享行业洞察,并致力于帮助职场人提升工作技能和效率,解决他们在工作场中遇到的问题。有什么 指令模板 吗?

- 😊 如何处理职场中的冲突?
- 😊 你可以给我一些提高工作效率的方法吗?
- 😊 职场中如何与上司有效沟通?
- 😊 我想了解某个行业的职业发展趋势,你能给我一些…

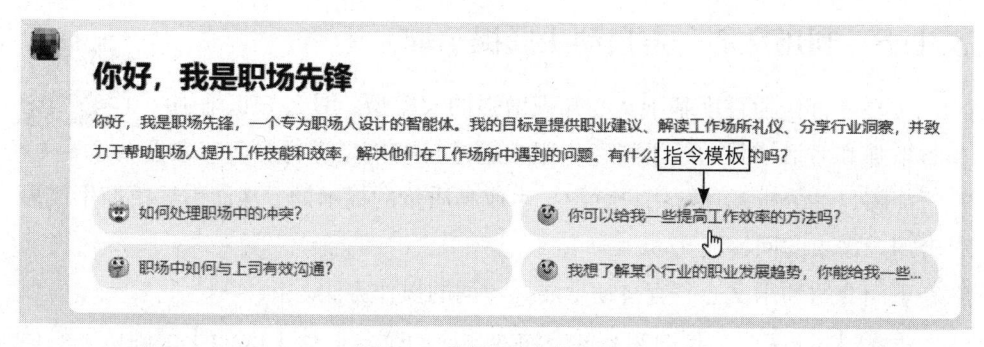

图 3-10 选择相应的指令模板

步骤 04 执行操作后,文心一言即可根据要求生成所需的内容,相关指令和回复内容如下。

💬 **提问**

你可以给我一些提高工作效率的方法吗?

文心一言

当然可以。提高工作效率是每个职场人士追求的目标。以下是一些实用的方法，可以帮助你更高效地完成工作任务。

1. 制订清晰的工作计划：每天或每周开始时，花点时间规划你的工作任务。列出待办事项，并根据优先级进行排序。这样可以帮助你保持专注，并确保重要任务得到优先处理。

2. 设置合理的时间限制：为每个任务设定一个合理的时间限制，并使用时间管理工具（如番茄工作法）来保持专注。这样可以帮助你避免拖延，并提高工作效率。

3. 避免多任务处理：虽然很多人认为自己擅长多任务处理，但实际上，专注于一项任务并完成它，通常比同时处理多个任务更高效。尝试一次只做一件事，直到完成。

4. 学会委派和求助：不要害怕将任务委派给团队成员或寻求帮助。合理地分配工作负担可以减轻你的压力，并让你有更多时间专注于更重要的事情。

5. 利用自动化工具：寻找并利用能够自动化日常任务的工具和技术。自动化可以大大减少重复性工作所需的时间，让你有更多时间专注于创造性或战略性的任务。

6. 保持工作区域的整洁：一个整洁有序的工作环境可以提高你的工作效率和创造力。定期清理和整理你的工作区域，确保你能够快速找到所需的文件和工具。

7. 保持健康的生活习惯：良好的身体状态是高效工作的基础。确保你有足够的睡眠、均衡的饮食和适量的运动。此外，定期休息和放松也很重要，可以帮助你恢复精力并提高工作效率。

……

3.1.5 利用文心一言自动生成提示词

文心一言作为百度基于文心知识增强的大模型，具备知识增强、检索增强和对话增强的技术特色。用户通过与AI模型进行对话，文心一言能够自动分析和理解用户意图，生成高质量的提示词，从而引导模型生成更符合用户需求的回答或文本。

下面介绍利用文心一言自动生成提示词的操作方法。

步骤 01 在文心一言的文本框中输入相应的指令，按【Enter】键确认，确认文心一言是否了解AI文案提示词，相关指令和回复内容如下。

提问

你知道什么是AI文案提示词吗？限300字。

文心一言

AI文案提示词是人工智能技术在文案创作领域的一种应用,旨在为用户提供创作灵感或辅助完成文案撰写。这些提示词通常由AI系统根据用户输入的关键词、主题或情境自动生成,能够激发用户的创造力,帮助用户快速构思并生成高质量的文案内容。

AI文案提示词具有多样性和灵活性,用户可以根据不同的需求和场景生成不同类型的提示词,如产品描述、广告词、社交媒体文案等。通过使用这些提示词,用户可以更加高效地完成文案撰写工作,节省时间和精力。

同时,AI文案提示词还可以根据用户的反馈和数据进行不断优化和改进,以提供更加精准和符合用户需求的提示。这种智能化的文案创作方式不仅提高了文案的质量,还为用户带来了更加便捷和高效的创作体验。

总之,AI文案提示词是人工智能技术在文案创作领域的一种创新应用,为文案创作者提供了强有力的支持和帮助。

步骤02 完成对话前提后,在文心一言的文本框中输入对提示词的具体需求,按【Enter】键确认,指导文心一言生成特定的提示词内容,相关指令和回复内容如下。

提问

请提供10个有关"企业财务分析"的提示词,指定需要做什么事情。

文心一言

当然,以下是我为您提供的10个关于"企业财务分析"的提示词,每个提示词都指定了需要做什么事情。

1. 利润增长分析:分析企业利润的增长趋势,识别利润增长的驱动因素,并提出提升利润的策略。

2. 成本控制审查:审查企业的成本结构,识别不必要的开支和成本节约的潜力,制定成本控制措施。

3. 现金流健康评估:评估企业的现金流状况,确保有足够的现金储备,以应对短期和长期的资金需求。

4. 财务风险识别:识别企业面临的财务风险,如信用风险、市场风险和流动性风险,并提出风险缓解方案。

5. 投资回报率分析:计算并分析企业各项投资活动的投资回报率,评估投资项目的盈利能力和资本效率。

……

3.2 编写文心一言提示词的技巧

提示词是用户与文心一言AI大模型进行交互的指令或短语,通过精准地编写提示词,用户可以更有效地引导AI模型生成符合自己需求的回答或内容,这大大提升了与AI模型的交互效率,使用户能够更快速地获得所需信息或帮助。本节主要介绍8种编写文心一言提示词的技巧,帮助用户提高工作效率。

3.2.1 明确文心一言提示词的主题

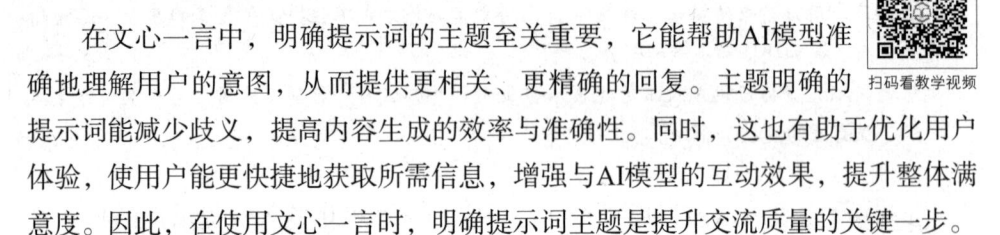

在文心一言中,明确提示词的主题至关重要,它能帮助AI模型准确地理解用户的意图,从而提供更相关、更精确的回复。主题明确的提示词能减少歧义,提高内容生成的效率与准确性。同时,这也有助于优化用户体验,使用户能更快捷地获取所需信息,增强与AI模型的互动效果,提升整体满意度。因此,在使用文心一言时,明确提示词主题是提升交流质量的关键一步。

【应用案例】秋季养生

提问

请帮我写一篇主题为"秋季养生"的短视频文案。

文心一言

【秋日私语,养生之道——与自然同频,滋养身心】
【开场画面】
秋风轻拂,落叶纷飞,金黄的银杏叶铺满小径,温暖的阳光透过稀疏的树梢,洒下一地斑驳。轻柔的音乐缓缓响起,画面缓缓推进,带领我们走进一个宁静而温暖的秋日午后。
【旁白】
"秋天,是大自然的一次温柔转身,从繁华到静美,从热烈到温婉。在这收获的季节里,我们不仅收获果实,更应收获健康。今天,让我们一起探索秋季养生的奥秘,与大自然同频共振,滋养身心。"
【画面切换】
镜头转向一位穿着舒适的秋季服装,正在公园中慢走的老人,脸上洋溢着平和的笑容。
【旁白】
"秋季养生,首要在于'收养'。适当进行户外活动,如散步、慢跑、瑜伽等,可以增强体质,调节情绪,让身心在自然中得以放松。"
……

【技巧总结】

这个提示词案例,主题聚焦在"秋季养生"与"短视频文案"上。

首先，主题"秋季养生"暗示了文案需要包含与秋季相关的养生知识、技巧或建议，如秋季运动、秋季饮食、秋季疾病预防等，这些都是文案内容的核心。

其次，"短视频文案"则要求文案必须简洁明了，能够在短时间内吸引观众的注意力，同时传达出主要信息。这要求文案要注重语言的精炼和表达的生动性，确保文案能够在短视频的有限时间内，有效地传达秋季养生的知识或建议。

因此，该提示词的主题明确，旨在创作一篇既符合秋季养生特点，又适合短视频传播的文案。

3.2.2 设计具体、贴切的提示词

用户在编写提示词时，应该与需求紧密结合，输入具体、贴切的提示词，不同的提示词所获得的AI文案是有区别的。

扫码看教学视频

例如，用户的需求是写一篇美食宣传文案，不能单纯地将"请写一篇美食宣传文案"作为提示词输入给文心一言，而应该稍加思考，有无可确定的美食类型、美食特点、地域及受众人群等，所有涉及宣传文案的相关点都可以视作关键信息给予文心一言以生成文案。

【应用案例】美食宣传文案

提问

请写一篇关于香辣小龙虾的美食宣传文案，体现食材新鲜、香辣、美味等特点。

文心一言

【辣动味蕾，鲜享盛宴——探秘香辣小龙虾的绝妙之旅】
在夏日的余晖中，寻找一份能点燃激情、唤醒味蕾的美食，非香辣小龙虾莫属！这是一场关于新鲜、香辣与美味的完美邂逅，一次让舌尖舞动、心灵沉醉的味觉探险。
【源头直采，鲜活到家】
我们的香辣小龙虾，源自清澈水域的精心养殖，每一只都经过严格筛选，确保个头饱满、肉质紧实。从捕捞到上桌，全程冷链保鲜，锁住最初的鲜活与纯净，让每一口都是对大自然馈赠的至高致敬。
【秘制香辣，唤醒味蕾】
独家秘制的香辣酱汁，是这道菜的灵魂所在。精选上等辣椒与数十种香料慢火熬制，香气四溢，辣而不燥，香辣交织间透露出层次分明的味觉享受。这不仅仅是一道菜，更是一场关于香、辣、鲜、美的味觉交响乐，让人一试难忘。
【美味交融，唇齿留香】
当新鲜的小龙虾遇上那抹诱人的香辣酱汁，每一寸虾肉都吸饱了酱汁的精华，入口先是鲜嫩的肉质带来的满足感，随后是香辣在舌尖缓缓绽放，最后是余香绕梁的悠长回味。

> 搭配一杯冰镇啤酒或清凉饮品，更是将这份美味推向了极致，让人在炎炎夏日里找到一丝清凉与惬意。
> ……

【技巧总结】

文心一言对宽泛的提示词和具体的提示词的识别度是不同的，会给用户提供不一样的回复。在输入宽泛的提示词时，文心一言给出的回复会较为概念化，涉及多个方面的信息；而输入具体的提示词，文心一言会给出更贴近提问的回复。两种提示词各有其用处，用户选择输入哪种提示词取决于其真正的需求是什么。

输入具体、贴切的提示词能显著提升文心一言的响应质量和相关性，这些提示词为文心一言提供了更明确的上下文和意图，有助于生成更加精确、有针对性的回答。通过减少模糊性和歧义，具体的提示词还能加快模型的理解和响应速度，从而提升用户体验。

3.2.3 在提示词中加入限定语言

如果用户在文心一言中输入的提示词已经说明了主题，但依然没有得到理想的回复，可以进一步细化主题描述，多加入一些限定语言或条件，能显著提升信息匹配的准确性。这些限定条件能帮助模型更好地理解用户的具体需求，避免生成宽泛或不相关的内容。同时，它们还起到了优化生成结果的作用，确保输出的内容符合特定的格式、风格或内容要求，从而提高信息的质量。

扫码看教学视频

【应用案例】女士羽绒服

提问

请提供两段冬季女士羽绒服的产品推广文案，要求突出产品的亮点，有吸引力。

文心一言

> 冬季女士羽绒服产品推广文案一
> 【温暖如春，时尚随行】
> 这个冬天，告别臃肿，拥抱时尚与温暖！我们的女士羽绒服，采用高科技轻盈保暖材料，极致压缩体积，却锁住更多温暖。独特剪裁设计，贴合女性身材，无论是约会还是逛街，都能让你轻松驾驭冬季时尚潮流。更有多种亮丽色彩，点亮你的冬日，成为街头

最耀眼的风景线。选择我们，让温暖与美丽并存，冬季也能尽显魅力！

冬季女士羽绒服产品推广文案二
【抵御寒冬，优雅不凡】
寒冬来临，如何既保暖又不失风度？答案就在这里——我们的女士羽绒服！精选优质鹅绒填充，轻盈蓬松，温暖如拥抱。外层采用防风防水面料，无惧风雪侵袭，让你在户外也能保持干爽舒适。经典与潮流并蓄的款式，搭配精致细节，无论是上班通勤还是休闲出游，都能彰显你的独特品位。选择我们，让温暖与优雅伴你度过每一个冬日时光！

【技巧总结】

一般来说，用户输入的主题描述越详细，得到高效回复的概率会越高。在提示词中加入限定语言或条件，能够帮助模型更准确地理解用户的意图，通过明确指定范围、情境或特定要求，AI模型能够生成与用户需求更加匹配的内容，从而提高信息的准确性和相关性。此外，这些限定条件还能提升用户体验，使用户在获得更精确、有针对性的回复时感到更加满意。因此，在编写提示词时合理利用限定条件，是提高AI模型准确性和用户满意度的有效方法。

3.2.4　让文心一言模仿语言风格

当用户不知道如何编写提示词才能够获得满意的回复时，可以指定语言风格，让文心一言进行模仿，并按照特定的风格来生成回复，用户可以指定相关媒体平台、影视人物、动漫人物、作家或文学作品等语言风格。

【应用案例】秋季女士穿搭

提问

请模仿小红书的写作风格，生成一篇关于秋季女士穿搭的文案。

文心一言

【秋日温柔，你的穿搭需要这份高级感】
秋风起，落叶黄，宝宝们，是时候给你的衣橱来一场温柔的换季革命啦！
走在街头，是不是已经开始羡慕那些把秋意穿在身上的小姐姐？别急，今天就给你种草几款秋季女士穿搭，保证让你秒变秋日里的温柔女神！
首先，一件质感满分的风衣绝对是秋日必备！选择卡其色或米白色，简约而不失高级感，搭配一双白色运动鞋，轻松穿出随性又不失格调的感觉。
牛仔裤作为百搭单品，秋天当然也不能少！一条高腰直筒牛仔裤，拉长腿部线条，再搭配一件软糯的针织衫，温柔气质立马get！

> 半身裙也是秋日穿搭的亮点哦！选择一条A字版型的中长款半身裙，既能修饰身材，又能增添几分优雅气质。搭配一件简约的衬衫，轻松驾驭各种场合。
> 当然啦，配饰也不能少！一顶贝雷帽、一条精致的项链，或一双复古的玛丽珍鞋，都能为你的秋日穿搭增添不少亮点！
> 亲们，赶紧把这些穿搭小技巧get起来吧！让你的秋日穿搭既有温度又有风度，成为街头最靓的妞！
> #秋日穿搭## #高级感穿搭## #温柔气质#

【技巧总结】

这个提示词案例要求模仿小红书的写作风格，小红书风格以亲切、自然、接地气为主，注重与读者的互动和共鸣。因此，在文案中，使用了轻松、活泼的语言，如"宝宝""亲们"等称呼，以及"种草"、get等流行词汇，增强了文案的亲切感和互动性。同时，文案突出了穿搭的亮点和特色，结合秋季时尚元素，让读者感受到了穿搭的魅力和实用性。文心一言通过模仿小红书的写作风格，可以生成更具吸引力和感染力的秋季女士穿搭种草文案。

3.2.5 提供案例让文心一言参考

用户在对文心一言进行提问时，可以提供一个具体的案例让其参考，等文心一言识别之后，便可以生成令用户更满意的答案。

【应用案例】摄影栏目的文章标题

提问

> 对于这个摄影栏目的文章，我需要一些能吸引人的标题，例如：
> 1. 11个拍花的技巧，赶紧收藏！
> 2. 90%的人都不会的摄影构图高级技巧！
> 3. 10分钟，质量提升10倍，让朋友圈耳目一新！
> 请根据我提供的这些标题风格和样式，再给我10个吸引人的文章标题。

文心一言

> 当然，根据您的要求和提供的标题风格，这里为您设计了10个吸引人的摄影栏目文章标题。
> 1. 5大夜景拍摄秘籍，点亮你的摄影之夜！
> 2. 摄影小白秒变大师！这7个技巧你必须掌握！
> 3. 揭秘！专业摄影师如何捕捉绝美日出日落？
> 4. 构图新手？这里有你不容错过的6个创意点子！
> 5. 15分钟学会！让你的旅行照告别千篇一律！

6. 摄影达人教你：如何用光打造电影级画面？
7. 8个被忽视的摄影细节，助你的作品脱颖而出！
8. 人像摄影新境界！掌握这5点，拍出高级感！
9. 惊艳朋友圈！掌握这3个后期技巧，照片质感飙升！
10. 从平凡到非凡！揭秘摄影师的4个独特视角选择！

这些标题旨在吸引读者的注意力，同时传达出文章将提供有价值、实用的摄影技巧或知识。希望这些标题能够满足您的需求！

【技巧总结】

提供相应的案例让文心一言参考，这为文心一言提供了具体的上下文，帮助其更准确地理解提示词的意图和语境，从而生成更符合期望的内容。

提示词中的案例作为一种示范，可以引导文心一言按照类似的逻辑或风格进行创作，确保输出的连贯性和一致性；还能提高生成内容的实用性和可信度，因为基于实际案例的内容往往更具参考价值。

3.2.6 让文心一言生成表格回复

用户在与文心一言对话时，可以要求其以表格的形式给出回复，对于要点提炼和短视频脚本创作等相关工作有很大的帮助。

【应用案例】列举主食的优缺点

提问

请用表格的形式列举出大米、面条、包子、马铃薯、燕麦这些主食的优缺点。

文心一言

以下是以表格形式列举的大米、面条、包子、马铃薯、燕麦这些主食的优缺点。

主食	优点	缺点
大米	易于消化和吸收，富含碳水化合物，烹饪方法多样	营养成分相对单一，可能导致血糖波动，缺乏某些必需的营养素
面条	富含碳水化合物和能量，易于消化和吸收，适合各种烹饪方式	营养成分相对单一，可能含有较高的盐分，可能导致血糖波动
包子	馅料营养丰富，富含碳水化合物和蛋白质，便于携带和食用	制作过程相对复杂，可能含有较高的油脂和盐分，馅料的新鲜度和卫生状况需注意
马铃薯	富含膳食纤维和维生素C；饱腹感强，有助于控制体重；烹饪方法多样，适合各种口味	烹饪方法不当可能导致营养流失；含有一定的淀粉，可能导致血糖波动；某些烹饪方法（如油炸）可能增加热量摄入

……

【技巧总结】

这个提示词案例指出了"请用表格的形式列举",要求文心一言以表格的形式回复,这样能有效地提炼内容要点,尤其适用于如"这些主食的优缺点"等对比性内容。用户只需明确列出所需内容(如主食名称及其优缺点),文心一言即可生成结构清晰的表格,提升了信息展示的专业度和可读性,使信息传达更加直观、高效。

3.2.7 给文心一言指定具体身份

在输入提示词的时候,可以让文心一言充当各式各样的角色,因此用户在与文心一言对话时,可以先赋予其身份,例如让文心一言充当AI绘画师,提供一些场景的AI绘画指令,文心一言会生成更有参考价值的建议。

扫码看教学视频

【应用案例】充当AI绘画师

提问

你现在是一位AI绘画师,请提供一些关于动物园卡通场景的AI绘画指令示例,要求画面唯美、梦幻。

文心一言

当然,作为一位AI绘画师,我很高兴为您提供关于动物园卡通场景的唯美、梦幻AI绘画指令示例。以下是我的建议。

指令一:请绘制一幅唯美的动物园卡通场景,画面中月光洒在夜晚的动物园里,动物们围绕着一棵巨大的魔法树,树上挂满了彩色的灯笼和闪烁的星星,营造出一种梦幻般的氛围。动物们如大象、长颈鹿、狮子等都以卡通形象出现,它们正欢快地跳舞,背景是繁星璀璨的夜空。

指令二:请创作一幅梦幻的动物园卡通画面,画面中央是一片盛开的彩色花海,花海中有一座小小的旋转木马,上面坐着各种可爱的卡通动物,如小熊、小兔、小马等。旋转木马周围环绕着轻柔的雾气,背景是梦幻的彩虹和蓝天白云,整个场景充满了童话般的色彩。

指令三:请绘制一幅唯美的动物园卡通场景,画面中有一个巨大的透明水球,水球内漂浮着各种海洋卡通动物,如海豚、海龟、海星等。水球外,一群陆地卡通动物如猴子、大象等正惊奇地看着水球内的海洋世界,背景是五彩斑斓的珊瑚礁和海藻,营造出一种神秘而梦幻的氛围。

指令四:请创作一幅梦幻的动物园卡通画面,画面中有一个巨大的彩色气球,气球上坐着各种卡通动物，它们正一起飞向天空。气球下方是热闹的动物园，有各种各样的动物和游客在欢笑。背景是渐变的蓝紫色天空和闪烁的星星，营造出一种温馨而梦幻的氛围。
……

【技巧总结】

通过给文心一言设定具体身份，如AI绘画师，能激发其生成更具专业性和创意性的内容。在提示词中明确身份及场景特点（如动物园卡通场景、画面唯美梦幻），可促使文心一言提供贴合需求的AI绘画指令。

此方法不仅提升了指令的针对性和实用性，还丰富了创作灵感，为用户带来了更高质量的建议和服务，是优化对话体验、激发创意的有效技巧。

3.2.8 在提示词中指定目标受众

用户在与文心一言进行对话时，可以在提示词中指定受众群体，这样能确保文心一言回复的内容更加贴合受众的需求和偏好，提高信息的针对性和有效性。在提示词中通过提供特定领域、特定背景或专业知识相关的问题，可以让文心一言更好地理解你的需求，从而提供更准确的回复。

【应用案例】午睡枕产品推广文案

提问

请针对在公司进行午休的上班族创作一篇有关午睡枕的产品推广文案，要求突出午睡枕的面料、质量和实用性。

文心一言

【午间小憩，尽享云端舒适——梦幻午睡枕，职场能量站】
在繁忙的都市节奏中，每一位穿梭于高楼大厦间的上班族都是时间的管理者，而午休则是人们最珍贵的能量补给站。为了让您的午间时光更加惬意，我们精心打造了"梦幻午睡枕"，一款专为职场人士设计的午休伴侣，让每一次小憩都成为一场身心的深度放松之旅。

【面料篇：亲肤如云，温柔包裹】
我们深知，与肌肤接触的每一分每一秒都应充满舒适与安心。因此，"梦幻午睡枕"采用了高端记忆棉面料，它如同云朵般轻柔、细腻透气，即便在炎炎夏日也能保持干爽，有效避免闷热感。此外，面料经过严格的安全检测，无异味、无刺激，即便是敏感肌也能安心享用，享受如婴儿般被呵护的感觉。

【质量篇：匠心独运，耐用之选】
在质量上，"梦幻午睡枕"追求极致。内部填充采用高密度记忆棉，这种材料不仅拥有

> 卓越的支撑力,还能根据您的头颈曲线智能塑形,有效缓解长时间工作带来的颈椎压力。经过特殊工艺处理,记忆棉枕芯不易变形,长期使用依然保持良好的回弹性和舒适度,是您值得信赖的长期午休伙伴。
> ……

【技巧总结】

在文心一言的提示词中明确指定目标受众,如"在公司进行午休的上班族",能确保生成的回复精准匹配该群体的需求和偏好。通过详细阐述特定领域或背景信息,如"午睡枕的面料、质量和实用性",可以引导文心一言生成更具针对性和实用性的内容。这一技巧不仅提升了回复的精准度,还增强了信息的吸引力,是提升内容质量的关键步骤。

3.3 对文心一言进行高效提问的方法

用户在与文心一言进行对话时,大多数任务都需要使用含有较为具体的提示词,而想要让文心一言生成更为满意的回复,则需要掌握一些高效提问的方法。本节主要介绍7种高效提问的方法,帮助用户更加得心应手地运用文心一言。

3.3.1 通过指定数字进行高效提问

在使用文心一言进行提问前,要注意数字的运用技巧,提问时要在问题中指定具体的数字,描述要精准,这样可以得到更满意的回答,确保生成的内容符合用户期望的详细程度,提升整体问答的质量。

例如,"我们需要5段关于长沙美食的画面描述内容",其中"5段"就是具体的数字,"长沙美食"就是精准的地点描述,"限500字"就是具体的字数要求。

【应用案例】长沙美食

🧑 **提问**

请生成5段长沙美食的画面描述,限500字。

🅱️ **文心一言**

1.坡子街臭豆腐的深夜诱惑
深夜的坡子街,一家臭豆腐摊前灯火通明,热气腾腾。金黄酥脆的臭豆腐块,搭配鲜红的辣椒油与翠绿的葱花,香气扑鼻。食客们围坐,大快朵颐,脸上洋溢着满足的笑容,仿佛在这一刻，所有的疲惫都被这独特的美味化解。
2. 太平街糖油粑粑的甜蜜记忆
在太平街的古色古香中，糖油粑粑的甜香四溢。一个个金黄色的小圆球，外酥里糯，裹满了红糖的甜蜜。孩子们眼巴巴地看着，大人们则满足地品尝，每一口都是对童年甜蜜记忆的回味。
3. 火宫殿辣椒炒肉的热烈滋味
火宫殿内人声鼎沸，一盘盘辣椒炒肉端上桌来，红绿相间，香气扑鼻。辣椒的鲜辣与肉质的鲜美交织，激发出令人难以抗拒的味觉盛宴。食客们吃得满头大汗，却仍不愿停下筷子，那份热烈与满足，正是长沙人对生活最直接的热爱。
4. 橘子洲头鱼头的鲜美传奇
橘子洲头，一家餐馆内，一锅巨大的鱼头正散发着诱人的香气。鱼肉细嫩滑爽，汤汁浓郁鲜美，每一口都是对湘江风味的极致诠释。食客们围坐一桌，共享这份来自自然的馈赠，欢声笑语是对生活最美好的庆祝。
5. 岳麓山脚下凉粉的夏日清凉
在岳麓山脚下，一家小店外，清凉的凉粉成为夏日里的一抹亮色。透明的凉粉上铺满了各种水果丁，再淋上一勺特制的糖水，入口滑嫩，甘甜适中。食客们或小憩于树荫下，或悠闲地漫步于山间小道，手中的凉粉成了他们旅途中最清凉的慰藉。

【技巧总结】

在利用文心一言进行提问时，巧妙地指定具体数字能显著提升问答的质量。通过明确如"5段"这样的数量要求，以及"500字"的字数限制，可以确保文心一言生成的回复既详细又符合期望的深度。

同时，结合如"长沙美食"这样精准的地点描述，能够引导文心一言生成更加贴合需求的内容。这一技巧不仅使提问更加清晰、明确，还大大增强了回复的针对性，是高效利用文心一言进行提问的关键所在。

3.3.2 指定第一人称视角增加代入感

通过第一人称视角，观众仿佛置身于画面中，能够清晰地感受到场景中的氛围、情感和细节，增强了阅读的沉浸感。例如，让文心一言以第一人称视角创作一篇丛林探险纪录片的开场旁白文案。

扫码看教学视频

【应用案例】丛林探险纪录片

提问

请以第一人称视角，创作一篇丛林探险纪录片的开场旁白文案。

文心一言

【开场旁白】

在这片遥远且未知的原始丛林深处，我，一个对未知世界充满无限好奇的探险者，正踏上一场前所未有的冒险之旅。阳光从密集的树冠缝隙中洒落，照在我脚下的泥土小径上，留下斑驳陆离的影子，走在这里的每一步都似乎在与古老的大地对话，唤醒沉睡的记忆与秘密。

四周是茂密的植被，高耸的树木直插云霄，它们的枝叶交织成一张巨大的绿色天幕，遮蔽了大部分天空，只留下斑驳的光影和偶尔传来的鸟鸣，为这片静谧的丛林增添了几分生机与神秘。空气中弥漫着泥土、树叶和不知名花朵的清新香气，每一次深呼吸都像是在进行一场灵魂的洗礼，让人心旷神怡，又心生敬畏。

我的背包里装着简单却实用的探险装备：指南针、水壶、急救包、相机，还有那份对未知无畏探索的决心。我知道，前方等待我的，不仅仅是自然奇观的震撼，更有可能是未知挑战与风险的考验。但正是这份未知，激发了我内心深处最原始的渴望——探索未知，揭开自然的神秘面纱。

随着我一步步深入丛林，耳边逐渐响起了更多生命的声音：远处猴子的啼叫、树叶间昆虫的细语，以及偶尔传来的不知名动物的脚步声，它们共同编织成一首大自然的交响乐，让人既感到孤独，又充满了与万物共生的奇妙感受。

今天，我将以镜头为笔，记录下这一路上的所见所闻，带你一同走进这片神秘而迷人的丛林，感受大自然的鬼斧神工，探索生命的奥秘，体验一次心灵与自然的深度对话。这不仅仅是一场身体的旅行，更是一次心灵的探险，让我们一起，揭开丛林深处最真实、最动人的故事。

【技巧总结】

在文心一言中编写提示词时，指定第一人称视角能让AI更贴近用户的个人体验和感受，生成更加个性化的内容，有助于增强用户的代入感和参与感，使AI的回复更加亲切和真实。

在这个提示词案例中，创作如"丛林探险纪录片开场旁白文案"时，采用第一人称视角能极大地提升观众的代入感与沉浸体验。通过提示词"第一人称"的视角叙述，观众仿佛亲自踏入了这段探险之旅，直观地感受到了丛林的神秘、刺激与未知。

这种技巧不仅拉近了观众与内容的距离，还增强了文案的吸引力和感染力，使观众更容易被故事吸引，沉浸于探险的紧张与刺激之中，为后续的纪录片内容打下良好的情感基础。

3.3.3 加入种子词激发模型的无限创意

种子词是指生成的文章中需要包含的字词，在提示词中加入种子词，可以帮助文心一言的AI模型更快地提取到恰当的文本数据，从而生成更为有效的答案。

【应用案例】运动球鞋推广文案

提问

请根据种子词生成一篇运动球鞋的推广文案，不超过450个字，种子词：舒适、透气、缓震。

文心一言

跃动每一步，舒适新境界——极致运动球鞋登场

在每一次跃动与冲刺间，你的双脚需要的不只是力量，更是无微不至的呵护。我们全新推出的运动球鞋，以舒适为核心，透气为灵魂，缓震为守护，为你打造前所未有的运动体验。

舒适，从第一步开始。采用高级缓震材料，贴合脚型设计，无论是长时间奔跑还是激烈的对抗，都能让你的双脚享受如履云端的轻松与自在。

透气，让运动更自由。鞋面采用微孔透气技术，有效排出湿气，保持双脚干爽，即使在炎炎夏日，也能让你畅享运动的乐趣，无惧汗水困扰。

缓震，为你的每一步保驾护航。独特的缓震系统，有效吸收落地的冲击力，保护关节，减少运动伤害，让你在每一次跳跃与落地间，都能感受到来自球鞋的温柔拥抱。

穿上它，你将拥有前所未有的运动体验。无论是晨跑、健身还是篮球比赛，它都能成为你最可靠的伙伴，助你突破自我，挑战极限。

这款运动球鞋，不仅是你运动场上的得力助手，更是你展现个性与风采的时尚单品。无论你是运动小白还是资深健将，都能在这里找到属于你的运动激情与无限可能。快来选购吧，让这双舒适、透气、缓震的运动球鞋，成为你征服运动世界的最佳伙伴！

【技巧总结】

在创作运动球鞋推广文案时，巧妙地融入种子词（如舒适、透气、缓震）是激发模型的创意、精准传达产品特性的关键。通过明确指定这些关键词，能引导AI模型快速聚焦产品的核心卖点，生成既符合品牌调性又高度吸引目标受众的文案。

这种方法不仅确保了文案的有效性，还促进了产品与消费者需求的精准对接，提升了营销信息的传播效率和转化率。

3.3.4 通过指令模板生成特定内容

当用户需要让文心一言生成特定的内容时，可以套用"你的角色（角色定位）+你的能力（能力展示）+我希望你（具体任务）"这一固定指令模板，让文心一言生成自己想要的答案。

【应用案例】炭烤牛蛙

提问

你的角色是美食博主，你拥有高超的品鉴和写作能力，能够通过文字将食物的色、香、味描述出来。现在我希望你为一家烧烤店的炭烤牛蛙创作一篇公众号文章，要求突出炭烤牛蛙的美味。

文心一言

炭烤牛蛙：舌尖上的烧烤盛宴

在这个美食遍地的时代，烧烤作为一种深受大众喜爱的美食形式，总能以它独特的魅力吸引无数食客的目光。而今天，我要带大家探索的，便是一家隐藏在繁华都市中的烧烤店——它的招牌菜炭烤牛蛙，绝对能让你大呼过瘾！

当一盘热腾腾、香气四溢的炭烤牛蛙端上桌时，首先映入眼帘的便是它那诱人的金黄色泽。蛙肉在炭火的炙烤下变得外焦里嫩，每一寸肌肤都仿佛在诉说着炭火的热情与牛蛙的鲜美。

夹起一块蛙肉，轻轻咬下，首先感受到的是蛙肉外皮的酥脆与内部的柔嫩。炭火的温度恰到好处地锁住了蛙肉的汁水，让每一口都充满了浓郁的肉香。紧接着，一股独特的炭烤香气在口腔中弥漫开来，那是炭火与食材完美融合的味道，让人瞬间陶醉其中。

除了蛙肉本身的美味，炭烤牛蛙的调料也是其成功的关键。将店家秘制的调料均匀地涂抹在蛙肉上，既突出了蛙肉的鲜美，又为其增添了一丝独特的香辣口感。每一口蛙肉都仿佛在舌尖上绽放，让人欲罢不能。

此外，炭烤牛蛙的配菜也是一大亮点。新鲜的蔬菜、香脆的豆皮、软糯的年糕……这些配菜与炭烤牛蛙完美搭配，既丰富了口感，又平衡了营养。

总的来说，这家烧烤店的炭烤牛蛙绝对是一道不可错过的美食。如果你也是一个热爱烧烤、追求美食的食客，那么不妨来这里品尝一下这道招牌菜吧！相信它一定会给你带来一次难忘的味蕾之旅。

【技巧总结】

利用"角色定位+能力展示+具体任务"指令模板，能高效地引导文心一言生成特定内容。在此案例中，通过设定"美食博主"角色，强调"品鉴和写作能力"，明确"炭烤牛蛙"公众号文章的创作需求，确保生成的内容既专业又贴合目标读者的口味。

这种方法简化了内容生成的复杂过程，提高了创作的效率与精准度，适用于多种类型的内容创作需求，是文心一言应用中的一大实用技巧。

3.3.5 设定输出框架获得精准内容

当用户需要生成一些有固定模板、风格、框架等固定形式的文案时，可以设定输出框架向文心一言提问，从而获得更加精准的内容。

【应用案例】国庆放假通知

提问

帮我按以下框架写一份"国庆放假通知"，内容清晰、简洁。

放假时间：10月1日—10月7日

工作安排

联系方式

祝福语

通知时间：2024年9月29日

文心一言

> 国庆放假通知
>
> 尊敬的全体员工：
>
> 您好！
>
> 根据国家关于国庆节放假的通知安排，结合我公司的实际情况，现将2024年国庆节放假安排通知如下。
>
> 放假时间：
>
> 2024年10月1日（星期二）至2024年10月7日（星期一），共计7天。10月8日（星期二）正常上班。
>
> 工作安排：
>
> 1. 请各部门负责人提前做好工作安排，确保放假期间的重要工作得到有效衔接。
> 2. 放假期间，如遇紧急事务，请各部门值班人员保持通信畅通，及时响应。
> 3. 假期结束后，请全体员工按时返岗，确保各项工作顺利开展。
>
> 联系方式：
>
> 放假期间，公司设有值班电话，如有紧急事务，请联系值班人员。值班电话：88888888。
>
> ……

【技巧总结】

在需要生成固定形式的文案时，通过设定明确的输出框架，可引导文心一言快速产出精准的内容。如"国庆放假通知"案例，通过列出放假时间、工作安排、联系方式、祝福语及通知时间等关键要素，确保文案结构清晰、信息完整。

这种方法不仅提升了文案生成的效率，还保证了内容的规范性和一致性，适用于各类通知、公告等正式文案的撰写，是文心一言应用中提升内容质量的有效技巧。

3.3.6 给出多个选项让AI做出决策

当用户想让文心一言生成更有针对性的文案时，可以提供多个选项进行提问，类似于让文心一言做选择题，文心一言会选择一个合适的选项，并给出答案的解析。

【应用案例】选择建模设备

提问

我是一名刚毕业的学生，平常需要进行3D建模，现在需要购买一个建模设备，请从以下选项中选出符合我要求的设备，并说明原因（另起一行）。设备有：台式电脑、笔记本电脑、平板电脑。

文心一言

根据您的需求，我会推荐以下设备，并说明原因。
推荐设备：台式电脑
原因：
1. 性能强大：台式电脑通常比笔记本电脑和平板电脑拥有更强大的处理器、更大的内存和更高级的显卡，这对于3D建模这种对计算资源要求较高的任务至关重要。
2. 扩展性强：台式电脑可以方便地升级硬件，如增加内存、更换更强大的显卡或更大的硬盘，以适应未来可能的性能需求增长。
3. 散热效果好：由于台式电脑内部空间较大，散热系统通常更为高效，可以长时间稳定运行而不易过热。
4. 大屏幕和键盘：台式电脑通常配备大屏幕显示器和舒适的键盘，这对于进行精细的3D建模工作是非常重要的，可以提高工作效率和舒适度。
虽然笔记本电脑和平板电脑在某些方面也很方便，但它们通常在性能和扩展性上不如台式电脑，可能无法满足3D建模的高要求。因此，对需要进行3D建模的您来说，台式电脑是更合适的选择。

【技巧总结】

在需求明确但选择多样时，给出多个选项让AI进行决策，能生成更贴合需求的回答。在这个提示词案例中，用户列出了"台式电脑""笔记本电脑""平板电脑"等选项，文心一言则根据"3D建模"这个需求，选出合适的设备，并解析原因。此方法简化了用户的决策过程，适用于各类需要推荐或选择的场景。

3.3.7 提供上下文获得针对性回复

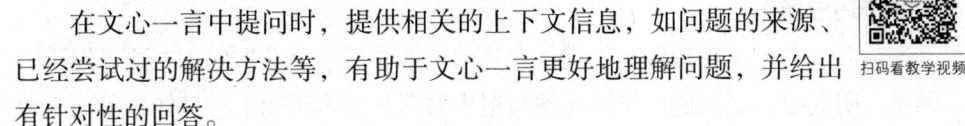

在文心一言中提问时，提供相关的上下文信息，如问题的来源、已经尝试过的解决方法等，有助于文心一言更好地理解问题，并给出有针对性的回答。

扫码看教学视频

【应用案例】人工智能应用的难题

提问

我在编写一个关于人工智能应用的报告时，遇到了一个技术难题。具体来说，是在尝试集成一个自然语言处理（Natural Language Processing，NLP）模型时，出现了数据不兼容的问题。我已经检查了数据格式和编码，也尝试了一些常见的解决方法，比如调整数据预处理步骤，但问题仍然存在。能否请你根据我的描述，提供一些可能的解决方案或者建议？

文心一言

面对NLP模型集成中的数据不兼容问题，确实可能涉及多个层面的因素。既然你已经检查了数据格式和编码，并调整了数据预处理步骤，我们可以进一步探讨一些更深入和具体的解决策略。以下是一些可能的解决方案和建议。

1. 详细检查数据格式和内容：
确保输入数据的格式（如文本、数字、日期等）与NLP模型预期的格式完全匹配。检查数据中是否存在特殊字符、不可见字符或格式不一致的情况，这些可能导致解析错误。

2. 统一数据编码：
尽管你已经检查了编码，但请确保所有数据集和NLP工具链都使用相同的字符编码（如UTF-8）。有时，不同来源的数据可能使用不同的编码，这需要在集成前进行统一处理。

3. 数据预处理和清洗：
除了基本的格式调整，还需要进行数据清洗，包括去除停用词、标点符号、数字等，这取决于NLP任务的具体要求。另外，使用正则表达式或专门的文本处理库来清理和标准化数据。

4. 特征提取和表示：
检查是否使用了正确的特征提取方法（如词袋模型、TF-IDF、词嵌入等），这些方法的选择应基于NLP任务的需求。如果模型要求特定的输入特征（如词向量），请确保这些特征已被正确生成并输入到模型中。

5. 检查NLP模型的输入要求：

详细了解你正在使用的NLP模型的输入要求，包括数据的形状、维度和类型。确保输入的数据满足这些要求，可能需要调整数据的形状或进行填充/截断操作。

……

【技巧总结】

在文心一言中进行提问时，提供充分的上下文信息至关重要。在这个提示词案例中，明确说明了问题的来源（编写报告时遇到技术难题）、具体场景（集成NLP模型时数据不兼容），以及已尝试的解决方法（检查数据格式和编码、调整数据预处理步骤），有助于文心一言更准确地理解问题。

这样的描述方式能让文心一言的回答更有针对性，提高解决问题的效率。因此，在提问时，用户务必详细地描述问题的背景和已尝试的解决路径，以便获得更精准的帮助。

第 4 章　应用智能体进行办公提效

在文心一言中，应用智能体可以显著提高工作效率，智能体能够生成热点体育信息、说图解画、充当AI面试官、生成AI绘画提示词及充当驾考导师等，帮助用户高效完成各类任务，优化工作流程。在文小言App中，也提供了各种智能体，用户可以进行LOGO设计、论文大纲生成、文本润色及文章扩写等，从而解放生产力，提升整体办公效率。

4.1 应用文心一言电脑版智能体

文心一言中的智能体是百度基于文心大模型技术推出的生成式对话产品，能够与人对话互动、回答问题、协助人们创作。文心智能体平台降低了创作的技术门槛，使更多的人能够参与智能体的开发和应用，从而推动了智能体在文心一言中的广泛应用。本节主要介绍8个常用的智能体，这些智能体能够根据用户的指令要求，生成相应的文案内容。

4.1.1 热点体育智能体

在文心一言中，热点体育智能体能够实时跟踪体育新闻、赛事动态，并为用户提供个性化的体育信息推送。此外，该智能体还能根据用户的兴趣和偏好，提供深入的赛事分析、运动员资料及预测等，它使体育爱好者能够更便捷地获取所需信息，享受更加丰富、专业的体育内容服务。

下面介绍使用热点体育智能体快速获取体育资讯的操作方法。

步骤 01 在文心一言页面的左上方，单击"智能体广场"按钮，如图4-1所示。

步骤 02 进入"智能体广场"页面，在"精选"选项区中，选择"热点体育智能体"选项，如图4-2所示。

图 4-1　单击"智能体广场"按钮　　　图 4-2　选择"热点体育智能体"选项

步骤 03 执行操作后，进入"热点体育智能体"页面，其中显示了许多有关巴黎奥运会的热点体育赛事，在下方还有"猜你喜欢"板块，如图4-3所示。

步骤 04 在"猜你喜欢"板块中如果没有用户感兴趣的内容，此时在下方文本框中输入相应的指令，指导AI生成特定的内容，如图4-4所示。

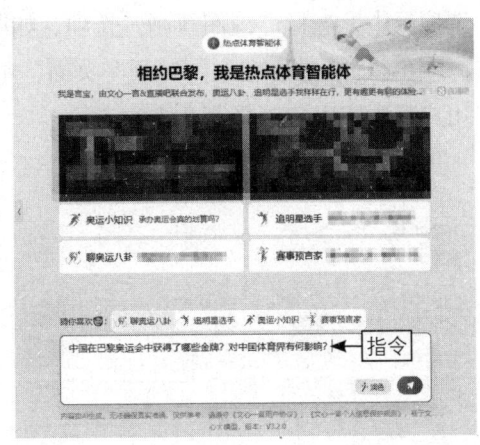

图4-3 "猜你喜欢"板块　　　　　图4-4 输入相应的指令

步骤05 单击发送按钮 ，热点体育智能体即可根据要求生成所需的内容，相关指令和回复内容如下。

提问

中国在巴黎奥运会中获得了哪些金牌？对中国体育界有何影响？

文心一言

中国在巴黎奥运摘金夺银啦！

中国在巴黎奥运会上可是大放异彩，一共斩获了40枚金牌呢！比如射击混合团体10米气步枪、艺术体操、举重女子81千克以上级等。这些金牌可是由咱们的00后小将们扛起大旗的，贡献了半数以上的金牌呢！

对中国体育界的影响那可太大啦！首先呢，这届奥运会可是创造了中国代表团境外参加奥运会的最佳成绩呢，充分展示了中国竞技体育的综合实力，进一步提升了咱们的国际地位和影响力。而且中华体育精神也在这次奥运会上得到了淋漓尽致的展现，激发了全国人民的爱国主义热情，也促进了世界和平发展呢！

言宝奥运趣闻为你报道

4.1.2 说图解画智能体

在文心一言中，说图解画智能体是一个非常实用的工具，它能够理解并解释图片内容，将图像信息转化为易于理解的文本描述。此外，它还能根据图片生成相关的文本创作，如故事、诗歌等，为创作提供灵感。

下面介绍使用说图解画智能体进行故事创作的操作方法。

步骤01 单击"智能体广场"按钮，进入"智能体广场"页面，在"精选"

选项区中,选择"说图解画"选项,如图4-5所示。

步骤02 进入"说图解画"页面,单击底部的"图片"按钮,如图4-6所示,用户需要先上传一张图片素材。

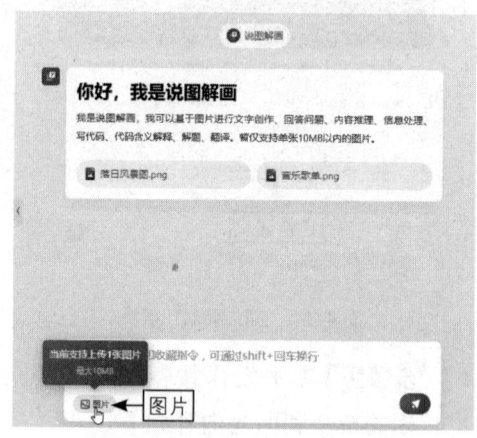

图 4-5 选择"说图解画"选项　　　图 4-6 单击底部的"图片"按钮

步骤03 弹出"打开"对话框,在其中选择需要上传的图片素材,如图4-7所示。

步骤04 单击"打开"按钮,即可将图片上传至文心一言,显示在文本框中,在图片下方输入相应的指令,指导AI解析图片并生成特定的内容,如图4-8所示。

图 4-7 选择需要上传的图片素材　　　图 4-8 输入相应的指令

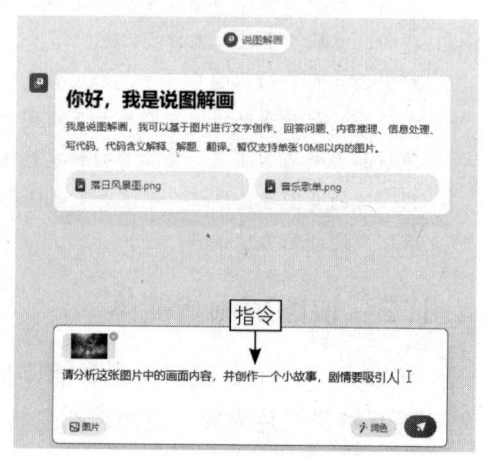

步骤05 单击发送按钮 ,说图解画智能体即可根据要求生成所需的内容,相关指令和回复内容如下。

提问

请分析这张图片中的画面内容，并创作一个小故事，剧情要吸引人。

文心一言

画面内容分析：

在这张图片中，一只棕色和白色相间的小鹿成了画面的主角。它静静地站在翠绿的草地上，一对大耳朵微微竖起，黑色的眼睛闪烁着光芒，似乎在凝视着远方的未知世界。背景中，绿色植物在微风中轻轻摇曳，阳光透过树叶洒下斑驳的光影，为整个场景增添了几分梦幻与神秘。

小故事创作：

在一个被阳光轻柔拥抱的清晨，小鹿莉莉踏上了探索未知世界的旅程。她生活在一片宁静的森林中，每天都与同伴们在这片翠绿的草地上嬉戏玩耍。然而，莉莉的心中总是有一个未解的谜团——在森林的另一边，究竟隐藏着怎样的秘密？

今天，她决定独自踏上这段旅程，去寻找那个困扰她已久的答案。莉莉轻盈地跳跃在草地上，感受着微风拂过脸颊的温暖，心中充满了期待和好奇。她穿过一片片茂密的树林，越过一条条清澈的小溪，每一步都充满了对未知世界的向往。

在旅途中，莉莉遇到了各种各样的生物，有善良的兔子、聪明的狐狸，还有勇敢的狮子。他们都对莉莉的勇气和决心表示了赞赏，并愿意为她提供帮助。莉莉在旅途中也学会了许多生存的技能和智慧，她变得更加坚强和勇敢。

……

4.1.3　AI面试官智能体

AI面试官智能体能够模拟真实的面试场景，为求职者提供一次接近真实的面试体验，这有助于求职者在正式面试前进行充分的准备，熟悉面试流程，缓解紧张情绪，提高面试表现。AI面试官智能体能够在面试结束后，立即为求职者提供反馈，这些反馈包括求职者在面试中的表现、存在的问题及改进建议等，有助于求职者及时了解自己的优势和不足，为后续面试做好准备。

下面介绍使用AI面试官智能体模拟面试场景的操作方法。

步骤01 单击"智能体广场"按钮，进入"智能体广场"页面，在"秋招助手"选项区中，选择"AI面试官"选项，如图4-9所示。

步骤02 进入"AI面试官"页面，在其中用户可根据需要输入自己面试的岗位，也可以在上方选择"我面试的岗位是产品经理"选项，如图4-10所示。

图 4-9 选择"AI 面试官"选项　　　　图 4-10 选择相应的选项

步骤 03 执行操作后，AI面试官智能体即可根据要求生成相应的面试问题，相关指令和回复内容如下。用户根据这些面试问题一一回复，在面试结束后，AI面试官智能体会为求职者提供反馈信息。

提问

我面试的岗位是产品经理。

文心一言

你好，很高兴有机会与你进行这次产品经理岗位的面试。在开始之前，我想先了解一下你的背景和兴趣，以便我们能更深入地探讨这个岗位的相关内容。

首先，请简单介绍一下你自己，包括你的教育背景、工作经验，以及为何对产品经理这一岗位感兴趣。接下来我会根据产品经理岗位的要求，提出一系列问题来评估你的能力和适应性。请准备好分享你的思考过程和实际经验。

1. 市场与用户理解：
· 你如何理解并分析用户需求？请分享一次你成功识别并满足用户需求的经历。
· 在没有直接用户反馈的情况下，你是如何预测市场趋势和用户偏好的？
2. 产品规划与设计：
· 请描述一次你参与或主导的产品规划过程，包括你如何设定产品目标、制定产品路线图及优先级排序。
· 在产品设计阶段，你是如何平衡技术可行性、商业价值和用户体验的？
3. 项目管理与团队协作：
……

★ 专家提醒 ★

通过AI面试官智能体的应用，企业可以在短时间内完成大量面试，提高招聘效率。同时，由于AI面试官智能体不受时间、地点等限制，可以随时随地进行面试，为求职者和企业提供了更多便利。

4.1.4　AI绘画提示词生成器

在文心一言中，AI绘画提示词生成器智能体能够根据用户输入的关键词或主题，自动生成丰富多样的AI绘画提示词，这些提示词不仅能够帮助用户拓展绘画思路，还能激发用户更多的创作灵感，帮助用户创作出更多独特、富有创意的作品。

扫码看教学视频

下面介绍使用AI绘画提示词生成器智能体的操作方法。

步骤01　单击"智能体广场"按钮，进入"智能体广场"页面，在"办公提效"选项区中，选择"AI绘画提示词生成器"选项，如图4-11所示。

步骤02　进入"AI绘画提示词生成器"页面，在下方的文本框中输入相应的指令，指导AI生成特定的内容，如图4-12所示。

图 4-11　选择相应的选项　　　　图 4-12　输入相应的指令

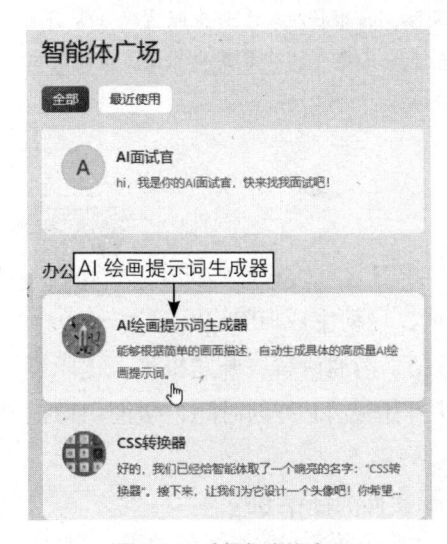

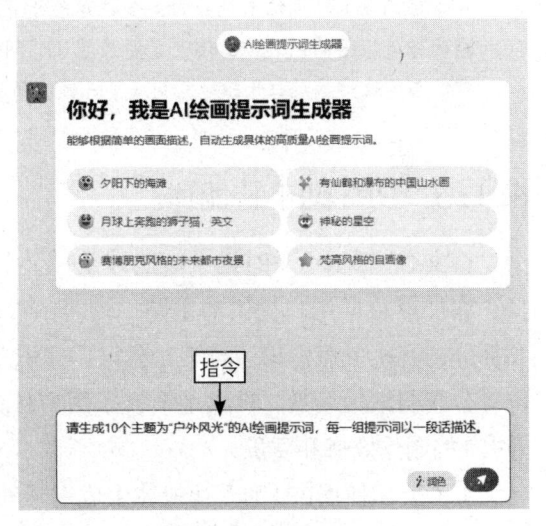

步骤03　单击发送按钮，AI绘画提示词生成器智能体即可根据要求生成所需的内容，相关指令和回复内容如下。

提问

请生成10个主题为"户外风光"的AI绘画提示词，每一组提示词以一段话描述。

文心一言

第一组：晨曦中的山峦与云海

在初升的太阳下，巍峨的山峦被柔和的金色光辉轻轻抚摸，云雾缭绕在山腰，仿佛大自然最神秘的纱幔。阳光穿透云层，洒在蜿蜒的山路上，引领着探索者的脚步。在画面中，山峦的轮廓在云海中若隐若现，展现出一种超凡脱俗的宁静与壮美。

第二组：湖畔的秋日黄昏

夕阳如血，缓缓沉入波光粼粼的湖面，天边被染上了一抹绚丽的橙红。湖畔的树木换上了秋日的盛装，金黄的叶子在微风中轻轻摇曳，与湖面的倒影交相辉映。远处，群山环抱，仿佛为这片美景镶嵌上了一道天然的画框。

第三组：雨后的林间小径

雨后，林间小径被洗刷得一尘不染，空气中弥漫着泥土和树叶的清新气息。阳光透过密集的树冠，洒下斑驳陆离的光影。小径两旁，野花野草竞相绽放，展现出勃勃生机。远处，一阵轻风吹过，带来了丝丝凉意和树叶的沙沙声，让人心旷神怡。

第四组：雪域高原的壮丽景观

在雪域高原上，连绵不绝的雪山如银龙般横亘天际，巍峨壮观。在阳光照耀下，雪山之巅闪耀着耀眼的光芒，仿佛大自然最璀璨的明珠。在山脚下，广袤的草原覆盖着皑皑白雪，与远处的蓝天白云相接，构成了一幅壮丽的画卷。

……

4.1.5　PPT助手智能体

在文心一言中，PPT助手智能体是一个专为PPT设计的智能辅助工具，它能够根据用户提供的主题、内容或要求，自动生成PPT的框架和部分内容，覆盖营销、教学、会议、知识总结、沟通讲解、开题报告、述职答辩等分享与汇报场景，极大地节省了用户从头开始设计PPT的时间，帮助用户提升PPT的制作效率和质量。

下面介绍使用PPT助手智能体生成钢琴教学课件的操作方法。

步骤01 单击"智能体广场"按钮，进入"智能体广场"页面，在"办公提效"选项区中，选择"PPT助手"选项，如图4-13所示。

步骤02 进入"PPT助手"页面，在下方的文本框中输入相应的指令，指导AI生成特定的PPT课件内容，如图4-14所示。

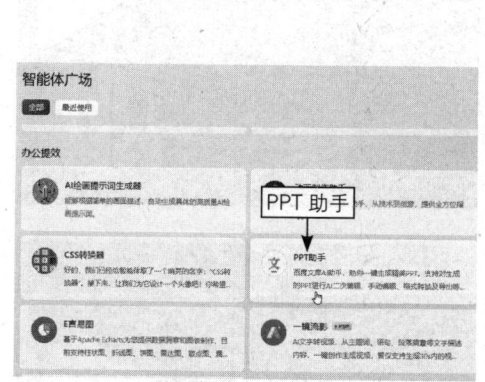

第4章 应用智能体进行办公提效 | 087

图4-13 选择"PPT助手"选项

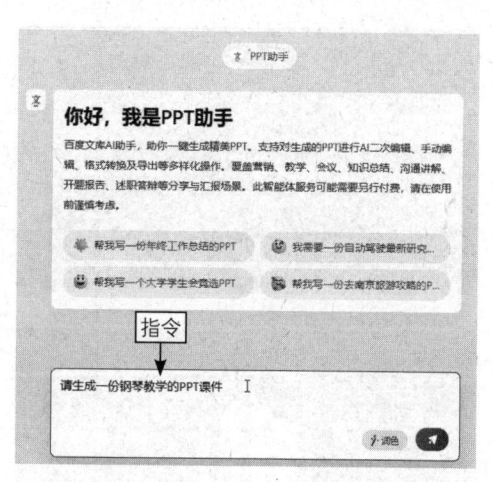

图4-14 输入相应的指令

步骤03 单击发送按钮 ➤，PPT助手智能体即可根据要求生成所需的内容，单击右下角的"查看"按钮，如图4-15所示。

步骤04 执行操作后，打开"百度文库"页面，其中显示了生成的PPT教学课件，如图4-16所示。

图4-15 单击"查看"按钮

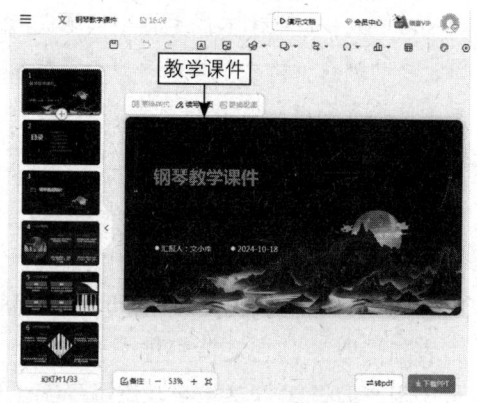

图4-16 生成PPT教学课件

★ 专家提醒 ★

PPT助手智能体是百度文库AI助手的一个功能或应用形式，集成了百度文库AI助手的技术和能力，以为用户提供更加专业化和针对性的PPT制作服务。用户如果需要查看或下载这些PPT课件，都需要进入"百度文库"页面。

步骤05 在左侧窗格中，单击相应的缩略图，可以查看钢琴教学课件的具体内容，效果如图4-17所示。单击右下角的"下载PPT"按钮，即可下载PPT课件。

图 4-17 查看钢琴教学课件的具体内容

★ 专家提醒 ★

PPT助手智能体不仅支持一键生成PPT，还允许用户对生成的PPT进行AI二次编辑、手动编辑、格式转换及导出等多样化操作，这些功能使得PPT的制作和修改过程更加便捷和高效。需要用户注意的是，此智能体服务可能需要另行付费。因此，在使用前，用户需要谨慎考虑自己的需求和预算，以做出明智的决策。

4.1.6　E言易图智能体

E言易图智能体基于Apache Echarts，能够为用户提供数据洞察与图表制作服务，它支持多种图表类型，包括柱状图、折线图、饼图、雷达图、散点图、漏斗图及思维导图（树图），帮助用户直观地展示数据，挖掘数据价值，提升数据的可视化效果。无论是数据分析还是报告展示，E言易图都是得力助手。

下面介绍使用E言易图智能体生成气温折线图的操作方法。

步骤01　单击"智能体广场"按钮，进入"智能体广场"页面，在"办公提效"选项区中，选择"E言易图"选项，如图4-18所示。

步骤02　进入"E言易图"页面，在下方的文本框中输入相应的指令，指导AI生成特定的图表内容，如图4-19所示。

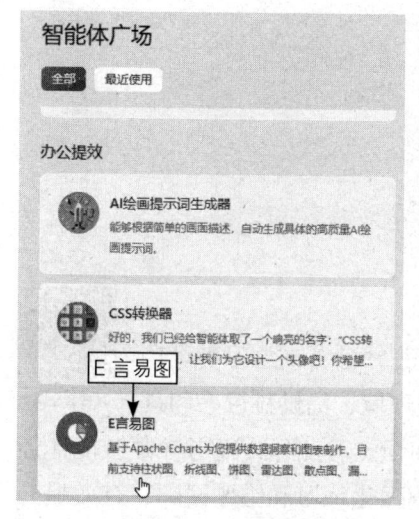

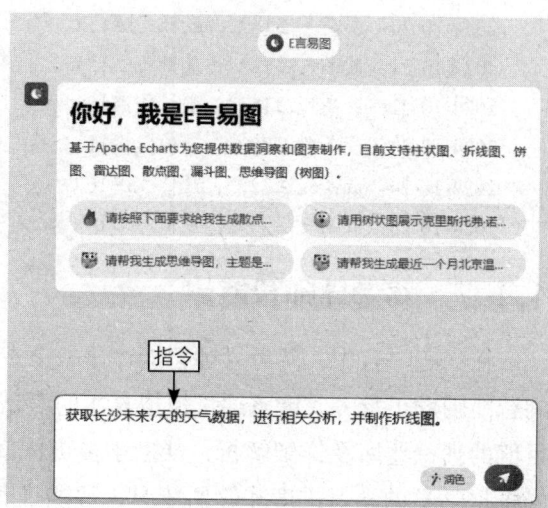

第4章 应用智能体进行办公提效 | 089

图 4-18 选择"E 言易图"选项

图 4-19 输入相应的指令

步骤 03 单击发送按钮，E 言易图智能体即可根据要求生成所需的内容，相关指令和回复内容如下。

提问

获取长沙未来7天的天气数据，进行相关分析，并制作折线图。

文心一言

图4-20所示为使用E言易图智能体生成的气温折线图。

图 4-20 长沙未来 7 天气温折线图

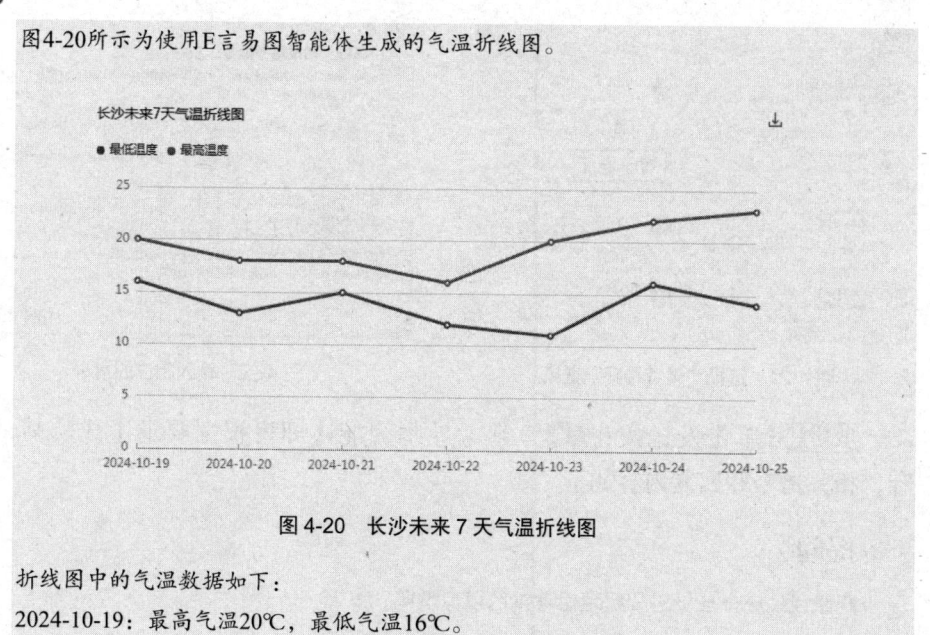

折线图中的气温数据如下：
2024-10-19：最高气温20℃，最低气温16℃。

2024-10-20：最高气温18℃，最低气温13℃。
2024-10-21：最高气温18℃，最低气温15℃。
2024-10-22：最高气温16℃，最低气温12℃。
2024-10-23：最高气温20℃，最低气温11℃。
2024-10-24：最高气温22℃，最低气温16℃。
2024-10-25：最高气温23℃，最低气温14℃。

4.1.7 驾考导师智能体

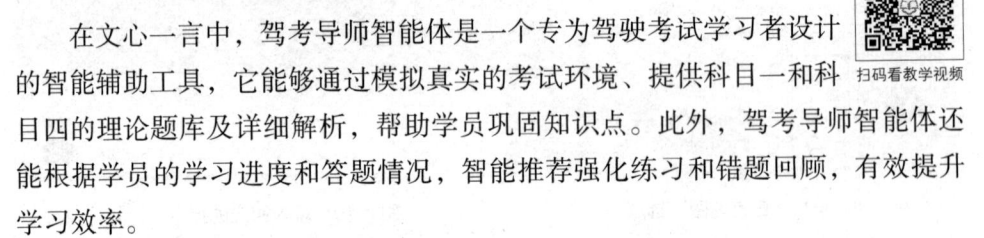

在文心一言中，驾考导师智能体是一个专为驾驶考试学习者设计的智能辅助工具，它能够通过模拟真实的考试环境、提供科目一和科目四的理论题库及详细解析，帮助学员巩固知识点。此外，驾考导师智能体还能根据学员的学习进度和答题情况，智能推荐强化练习和错题回顾，有效提升学习效率。

下面介绍使用驾考导师智能体生成模拟题的操作方法。

步骤01 单击"智能体广场"按钮，进入"智能体广场"页面，在"垂类知识"选项区中，选择"驾考导师"选项，如图4-21所示。

步骤02 进入"驾考导师"页面，在下方的文本框中输入相应的指令，指导AI生成特定的内容，如图4-22所示。

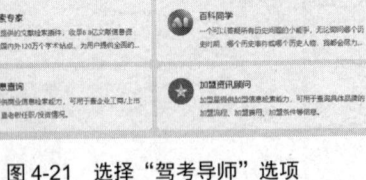

图4-21 选择"驾考导师"选项　　图4-22 输入相应的指令

步骤03 单击发送按钮，驾考导师智能体即可根据要求生成所需的内容，相关指令和回复内容如下。

◎ 提问

能给我生成一些针对驾照理论考试的模拟题吗？

> **◎ 文心一言**
>
> 当然可以！以下是一些针对驾照理论考试的模拟题，供你参考和练习。
>
> 1. 在既没有交通信号灯控制，也没有交通警察指挥的交叉路口，相对方向行驶的同为转弯的机动车相遇时，哪一方应优先通行？
>
> A. 左转弯车
>
> B. 右转弯车
>
> C. 直行车
>
> D. 都可以
>
> 2. 机动车在高速公路上行驶，遇有雾、雨、雪、沙尘、冰雹等低能见度气象条件，当能见度小于200米时，车速不得超过每小时多少千米？
>
> A. 60千米
>
> B. 80千米
>
> C. 100千米
>
> D. 120千米
>
> ……

★ 专家提醒 ★

驾考导师智能体还能解答学员在学习过程中遇到的疑难问题，提供个性化的学习建议和技巧分享。借助这一智能体，学员可以更加便捷、高效地备考，提高通过驾驶考试的成功率。

4.1.8 百科同学智能体

百科同学智能体是专为历史爱好者设计的智能助手，擅长解答各类历史问题。无论是哪个历史时期、事件或人物，它都能迅速提供精确的答案，并附上权威依据来源。这一功能不仅满足了用户的好奇心和求知欲，还能帮助用户深入了解历史，享受智能化带来的高效学习体验，成为探索历史奥秘的理想伙伴。

下面介绍使用百科同学智能体解答相关历史问题的操作方法。

步骤01 单击"智能体广场"按钮，进入"智能体广场"页面，在"垂类知识"选项区中，选择"百科同学"选项，如图4-23所示。

步骤02 进入"百科同学"页面，在下方的文本框中输入相应的指令，指导AI生成特定的内容，如图4-24所示。

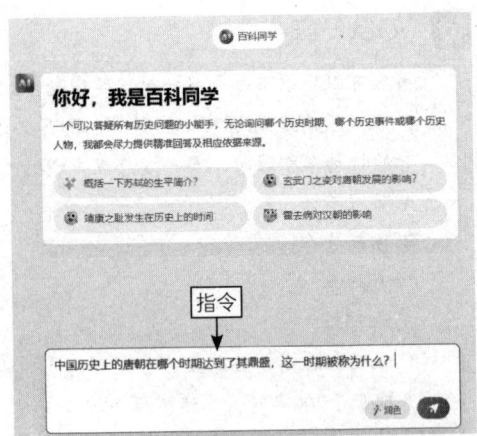

图4-23　选择"百科同学"选项　　　　图4-24　输入相应的指令

步骤03 单击发送按钮，百科同学智能体即可根据要求生成所需的内容，相关指令和回复内容如下。

提问

中国历史上的唐朝在哪个时期达到了鼎盛，这一时期被称为什么？

文心一言

> 中国历史上的唐朝在唐玄宗统治前期，特别是开元年间（713年至741年），达到了鼎盛。这一时期，唐朝在政治、经济、文化等方面都取得了显著的成就，被誉为"开元盛世"。
>
> 唐玄宗即位后，他任用贤能，整顿吏治，使得唐朝政治清明，社会秩序井然。同时，他重视农业生产，推动经济发展，使得唐朝的经济实力达到了空前的水平。此外，唐玄宗还提倡文教，推动文化繁荣，使得唐朝的文化艺术达到了新的高度。
>
> 在开元盛世期间，唐朝的人口大幅增加，社会经济空前繁荣，国家财政收入稳定。这一时期，唐朝不仅在国内实现了政治稳定和经济繁荣，还在国际上保持了强大的影响力和地位。
>
> 综上所述，唐朝在唐玄宗统治前期的开元年间达到了鼎盛时期，这一时期被称为"开元盛世"。开元盛世不仅是唐朝历史上的一个重要时期，也是中国古代社会发展的一个高峰时期，为后世留下了丰富的历史文化遗产和宝贵的发展经验。

4.2　应用文小言 App 智能体

文小言App中的智能体具有强大的自然语言处理和理解能力，可提供全天候的陪伴聊天服务，能帮助用户解决问题、提供情感支持，并成为用户学习和工作上的助手。用户可通过文字、语音或图片等方式与智能体进行互动,享受更加流畅和自然的交流体验。本节主要介绍应用文小言App智能体的相关操作方法,提升用户的办公效率。

4.2.1 AI全能写作助手智能体

在文小言App中,AI全能写作助手智能体能够帮助用户快速生成各类文章框架和内容,无论是新闻报道、学术论文,还是创意写作、商业文案,都能轻松应对。通过理解用户意图和上下文,该智能体能够提供个性化的写作建议,优化语言表达,提升文章质量。下面介绍使用AI全能写作助手智能体的操作方法。

扫码看教学视频

步骤 01 打开文小言App,进入"对话"界面,点击底部的"发现"标签,如图4-25所示。

步骤 02 进入"发现"界面,在"智能体"|"推荐"选项卡中,选择"AI全能写作助手"智能体,如图4-26所示。

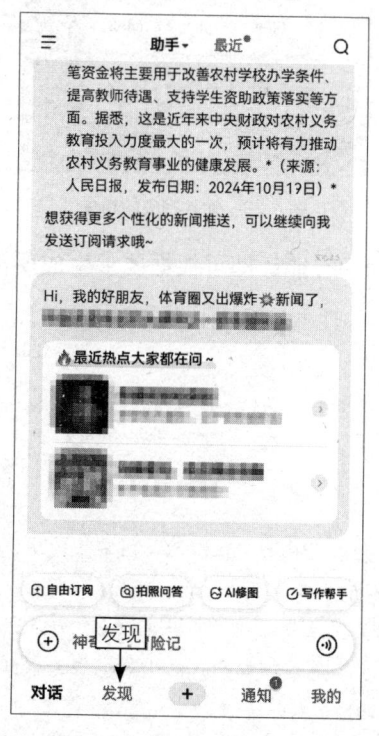

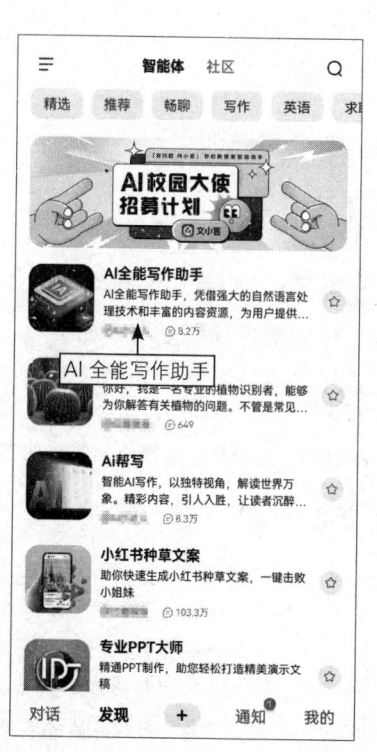

图 4-25 点击"发现"标签　　　图 4-26 选择"AI全能写作助手"智能体

步骤 03 执行操作后,进入"AI全能写作助手"界面,如图4-27所示。

步骤 04 在界面下方的文本框中，输入相应的指令，指导AI生成特定的内容，如图4-28所示。

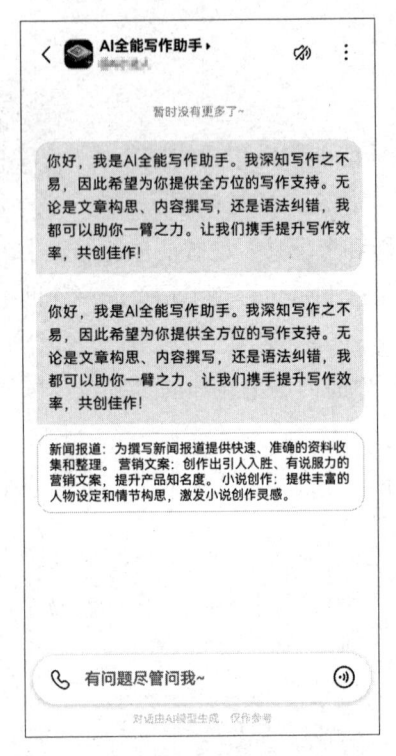

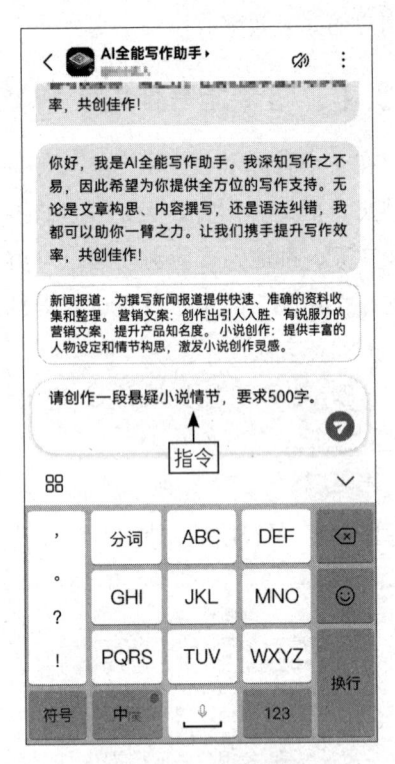

图 4-27　进入相应界面　　　　　　图 4-28　输入相应的指令

步骤 05 点击发送按钮，AI全能写作助手智能体即可根据要求生成所需的内容，相关指令和回复内容如下。

提问

请创作一段悬疑小说情节，要求500字。

文心一言

在古老的小镇边缘，有一座被遗忘的庄园，名为暮光庄园。庄园的大门常年紧闭，周围被密林环绕，镇上的人都说那里有着不可言说的秘密。

一天深夜，镇上的年轻探险家杰克被一阵隐约的哭泣声惊醒。那声音似乎来自暮光庄园的方向，带着无法抗拒的诱惑，他决定一探究竟。穿过蜿蜒曲折的小径，杰克来到了庄园的大门前。门轴发出刺耳的吱嘎声，仿佛沉睡的巨人被唤醒。

庄园内部昏暗无光，只有月光透过破碎的窗棂，洒下斑驳的影子。杰克手持手电筒，小心翼翼地探索着。突然，一阵风吹过，他手中的光束捕捉到了一幅画像，画中女子面容哀怨，眼眸似乎正随着他的移动而转动。

正当杰克凝视画像之时，身后传来一阵轻微的脚步声。他猛地回头，空旷的大厅空无一人。但那种被注视的感觉愈发强烈，仿佛有什么看不见的东西正悄悄逼近。

就在这时，一阵低沉的歌声从庄园深处传来，旋律古老而诡异，让人心生寒意。杰克循声而去，发现了一间尘封的地下室。推开门，眼前的景象让他震惊不已——一张破旧的木桌上，摆放着一张泛黄的照片，照片中的人正是画像中的女子，而她的身旁，竟是一个空的摇篮。

正当杰克试图解开这一切谜团时，庄园的每一个角落似乎都响起了那阵歌声，而他，也仿佛被某种力量牵引，一步步走向未知的深渊……

4.2.2 LOGO设计智能体

在文小言App中，LOGO设计智能体能够根据用户需求，提供个性化的LOGO设计服务。用户只需向智能体描述设计要求，智能体即会结合其强大的自然语言处理能力和图像创作能力，生成满足用户要求的LOGO设计，效果如图4-29所示。

图 4-29 LOGO 设计

下面介绍使用LOGO设计智能体的操作方法。

步骤01 进入"发现"界面，在"智能体"|"精选"选项卡中，点击"LOGO设计"智能体右侧的"去使用"按钮，如图4-30所示。

步骤02 进入"LOGO设计"界面，点击上方第一个指令模板，如图4-31所示。

步骤03 执行操作后，LOGO设计智能体即可根据要求生成所需的企业LOGO，如图4-32所示。

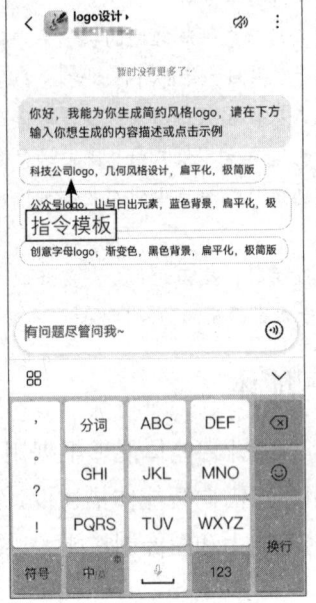

图 4-30　点击"去使用"按钮　　图 4-31　点击指令模板　　图 4-32　生成企业 LOGO

★ 专家提醒 ★

　　LOGO设计智能体支持与用户进行实时互动，能根据用户的反馈进行调整和优化，确保最终的设计成果符合用户的期望。

　　值得用户注意的是，尽管使用了完全相同的提示词，LOGO设计智能体每次生成的图像效果仍有差异，这种差异性赋予了艺术创作无尽的潜力和新鲜感。这种差异性源于AI模型的随机性，即使在相同的条件下，AI也会以不同的方式解释和执行指令，从而产生独特的图像。

4.2.3　论文大纲生成智能体

　　在文小言App中，论文大纲生成智能体是一个专为学术论文写作设计的智能辅助工具。该智能体通过先进的自然语言处理技术，能够深度理解用户输入的论文主题或关键词，智能地生成一个结构清晰、逻辑严密的论文大纲。

　　这个大纲通常涵盖摘要、引言、正文各章节及结论等关键部分，并可根据用户的具体需求进行自定义调整。使用论文大纲生成智能体，用户可以快速搭建起论文的框架，为后续的写作提供明确的指导和方向。

下面介绍使用论文大纲生成智能体的操作方法。

步骤 01 进入"发现"界面,在"智能体"|"写作"选项卡中,选择"论文大纲生成"智能体,如图4-33所示。

步骤 02 进入"论文大纲生成"界面,在下方的文本框中输入相应的指令,指导AI生成特定的论文大纲,如图4-34所示。

图 4-33 选择"论文大纲生成"智能体　　图 4-34 输入相应的指令

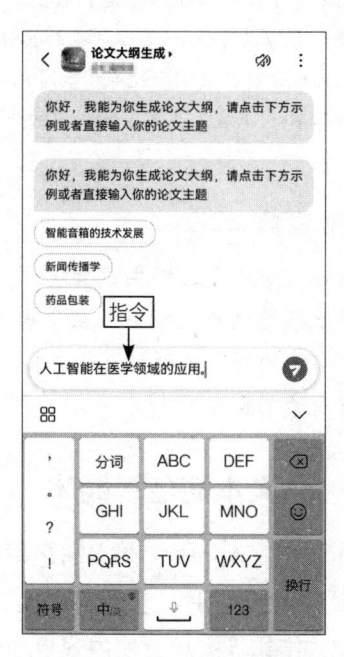

步骤 03 点击发送按钮 ，论文大纲生成智能体即可根据要求生成所需的内容,相关指令和回复内容如下。

提问

人工智能在医学领域的应用。

文心一言

人工智能在医学领域的应用学术论文大纲
标题:人工智能在医学领域的应用探索与实践
摘要:
简要介绍人工智能(AI)技术的发展背景及其在医学领域的应用现状。
阐述研究目的:分析AI技术如何改善医疗服务效率与质量,以及面临的挑战与未来的发展趋势。

> 概括主要发现与结论。
> 关键词：人工智能、医学、诊断辅助、个性化治疗、医疗管理。
> 第一章 引言
> 背景介绍：概述人工智能技术的快速发展及其在各行各业的应用概况。
> 研究意义：阐述AI在医学领域应用的重要性，包括提高诊断的准确性、优化治疗方案等。
> 文献综述：回顾国内外关于AI在医学领域应用的研究进展与成果。
> 研究范围与方法：明确研究的具体领域（如诊断、治疗、管理等）、采用的研究方法（文献分析、案例研究等）。
> 第二章 人工智能在医学诊断中的应用
> ……

★ 专家提醒 ★

通过使用论文大纲生成智能体，用户可以节省大量时间和精力，快速得到一个符合学术规范的论文框架。在此基础上，用户可以进一步修改和完善大纲，以确保其符合自己的研究目的和论文要求。因此，论文大纲生成智能体是文小言App中一个非常实用的工具。

4.2.4 文本润色智能体

在文小言App中，文本润色智能体是一个能够优化和提升用户文本质量的智能助手，它能够识别并改进文本中的语言表达、语法错误、句式结构等问题，使内容更加流畅、准确和生动。通过智能分析文本内容，文本润色智能体还能提出恰当的词汇替换、句式调整等建议，帮助用户提升文本的表达效果和可读性。

无论是撰写论文、报告还是日常文章，使用文本润色智能体都能让用户的文字更加专业、精彩。因此，它是文小言App中一个提升写作质量的得力工具。下面介绍使用文本润色智能体的操作方法。

步骤01 进入"发现"界面，在"智能体"|"写作"选项卡中，选择"文本润色"智能体，如图4-35所示。

步骤02 进入"文本润色"界面，❶在下方的文本框中输入需要润色的文本内容；❷点击发送按钮，如图4-36所示。

步骤03 执行操作后，即可对文本内容进行润色处理，如图4-37所示。

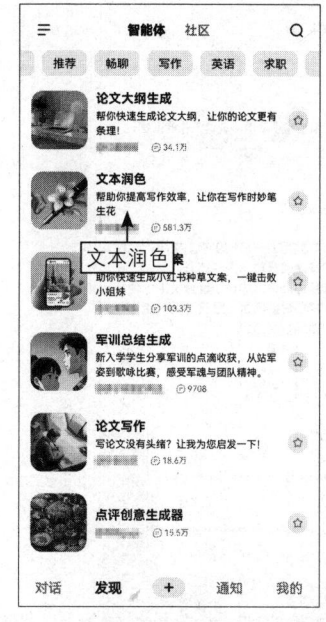

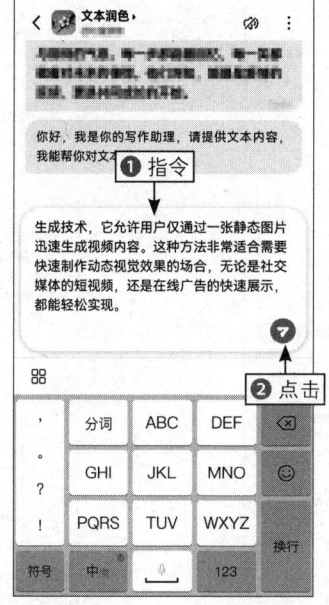

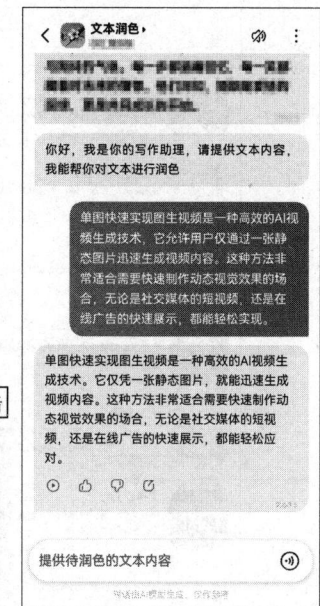

第4章 应用智能体进行办公提效 | 099

图 4-35 选择相应的智能体　　图 4-36 点击发送按钮　　图 4-37 进行润色处理

★ 专家提醒 ★

使用文本润色智能体时，用户可以定制个性化的语言风格，该智能体能够根据用户设定的情境自动生成相应的文体风格，以满足不同场合下的个性化需求。

4.2.5 文章扩写智能体

在文小言App中，文章扩写智能体能够根据用户提供的原始文章或内容片段，自动生成更加丰富和详细的扩写内容。该智能体不仅能够帮助用户节省大量时间和精力，还能够提高文章的质量和可读性。通过使用文章扩写智能体，用户可以轻松地将简短的内容扩展成长篇的文章，或者为现有的文章添加更多的细节和描述。

扫码看教学视频

总之，文章扩写智能体是文小言App中一个非常实用的功能，尤其适合需要频繁进行文章创作和编辑的用户，它能够极大地提升用户的写作效率，同时保证文章内容的丰富性和可读性。下面介绍使用文章扩写智能体的操作方法。

步骤 01 进入"发现"界面，在"智能体"|"写作"选项卡中，选择"文章扩写"智能体，如图4-38所示。

步骤 02 进入"文章扩写"界面，在下方的文本框中输入相应的指令，指导AI扩写相应的文本内容，如图4-39所示。

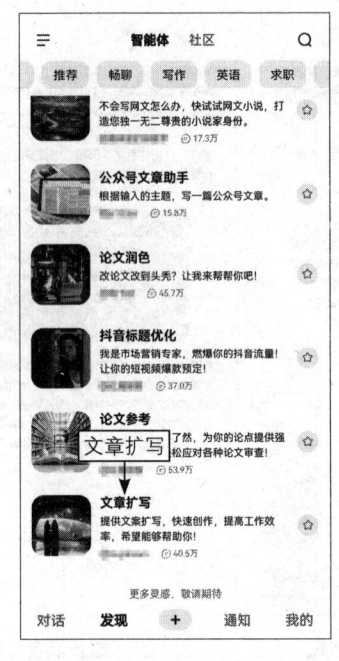

图4-38 选择"文章扩写"智能体　　　　图4-39 输入相应的指令

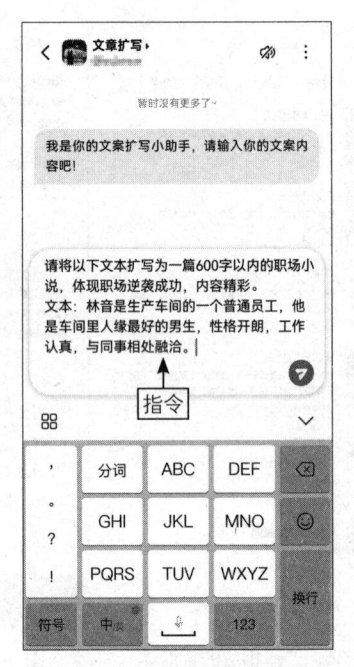

步骤03 点击发送按钮，文章扩写智能体即可根据要求生成所需的内容，相关指令和回复内容如下。

提问

请将以下文本扩写为一篇600字以内的职场小说，体现职场逆袭成功，内容精彩。

文本：林音是生产车间的一名普通员工，他是车间里人缘最好的男生，性格开朗，工作认真，与同事相处融洽。

文心一言

在那座庞大而繁忙的工厂里，林音仿佛生产车间中一抹温暖的阳光，照亮了每一个角落。他，一个不起眼的普通员工，却在平凡中蕴藏着不凡的力量。林音，这个名字在嘈杂的机器轰鸣声中并不响亮，但他那爽朗的笑声，却总能穿透喧嚣，直达人心最柔软的地方。

他，是车间里人缘最好的男生，这份好人缘并非凭空而来，而是源自他那颗真诚待人、乐于助人的心。无论是谁遇到了难题，林音总是第一个伸出援手，用他的智慧和乐观，为同事排忧解难。他的性格开朗，如同春日里绽放的花朵，让人忍不住靠近，感受那份温暖与美好。

工作上，林音更是兢兢业业，一丝不苟。他深知，每一道工序都关乎产品的质量，每一次操作都承载着企业的信誉。因此，他对待工作从不马虎，总是力求完美，用实际行动诠释着"匠心"二字的真谛。与同事的有关系更是融洽，他总能以一种独有的幽默化解工作中的紧张与疲惫，让车间充满了欢声笑语。

然而，林音的职场之路并非一帆风顺的。他也曾遭遇过质疑，面对过挑战，但正是这些磨难，铸就了他坚韧不拔的意志。他不断学习，不断进步，用实力证明了自己。终于，在一次关键的项目中，林音凭借出色的表现，赢得了上级的认可，实现了职场上的华丽逆袭。他的故事，如同夜空中最亮的星，激励着每一个在职场中奋斗的人，告诉他们：只要心怀梦想，勇于挑战，平凡的我们，也能书写属于自己的辉煌篇章。

4.2.6 工作计划智能体

在文小言App中，工作计划智能体是一个高效的时间管理和任务规划工具，它能够帮助用户智能地安排日常工作和长期项目，根据任务的紧急程度和重要性自动排序，确保优先级得到合理处理。下面介绍使用工作计划智能体的操作方法。

步骤01 进入"发现"界面，在"智能体"|"办公"选项卡中，选择"工作计划"智能体，如图4-40所示。

步骤02 进入"工作计划"界面，在下方的文本框中输入工作计划的主题，指导AI生成相应的工作计划内容，如图4-41所示。

图4-40 选择"工作计划"智能体

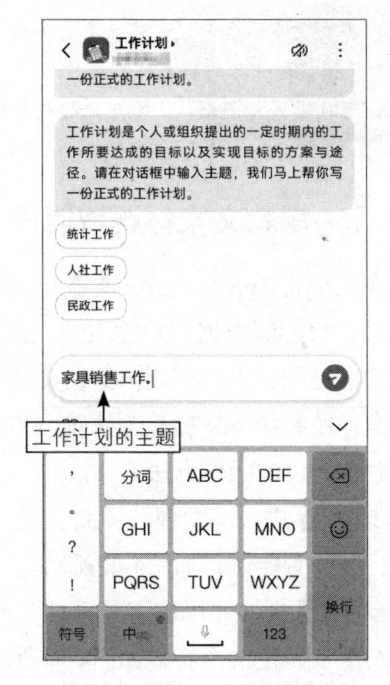

图4-41 输入工作计划的主题

步骤03 点击发送按钮➤，工作计划智能体即可根据要求生成所需的内容，相关指令和回复内容如下。

🙂 提问

家具销售工作。

🔷 文心一言

> 2024年是家具销售工作挑战与机遇并存的一年，随着消费者需求日益多元化及市场竞争加剧，行业转型升级势在必行。
>
> 简要工作思路是：以市场需求为导向，强化品牌建设与市场拓展，通过优化产品线、提升服务质量与顾客体验，结合线上线下融合营销策略，增强市场竞争力，实现销售业绩的稳步增长。
>
> 重点工作如下。
>
> 1. 市场调研与产品优化：深入分析消费者的偏好，定期推出符合市场趋势的新品，调整产品结构以满足不同消费群体的需求。
>
> 2. 渠道拓展与整合：加大线上电商平台的投入，同时优化线下门店布局，实现线上线下无缝对接，拓宽销售渠道。
>
> 3. 品牌建设与推广：通过社交媒体、行业展会等多种渠道加强品牌宣传，提升品牌知名度和美誉度。
>
> 4. 客户服务体系升级：建立更完善的售后服务体系，提高客户满意度和忠诚度，利用客户反馈促进产品与服务的持续改进。
>
> 5. 团队培训与激励：定期组织销售与服务团队培训，提升专业能力，实施有效的激励机制，激发团队活力与创造力。

4.2.7 爆款文案标题智能体

在文小言App中，爆款文案标题智能体是一个极具创意和实用性的工具，它能够根据用户输入的关键信息或主题，自动生成多个吸引人的文案标题，为内容创作提供灵感。对内容创作者、营销人员等群体来说，爆款文案标题智能体是提升工作效率和创作质量的重要助手。下面介绍使用爆款文案标题智能体的操作方法。

步骤01 进入"发现"界面，在"智能体"|"办公"选项卡中，选择"爆款文案标题"智能体，如图4-42所示。

步骤02 进入"爆款文案标题"界面，在下方的文本框中输入相应的指令，指导AI生成特定的内容，如图4-43所示。

图 4-42 选择"爆款文案标题"智能体　　　图 4-43 输入相应的指令

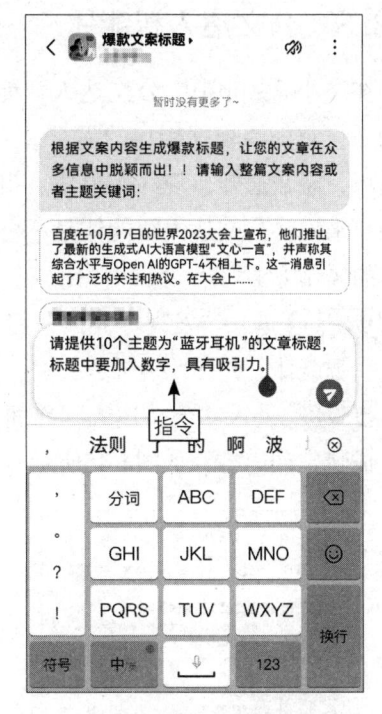

步骤 03 点击发送按钮 ▶ ，爆款文案标题智能体即可根据要求生成所需的内容，相关指令和回复内容如下。

提问

请提供10个主题为"蓝牙耳机"的文章标题，标题中要加入数字，具有吸引力。

文心一言

1. 2024必买！10款超火蓝牙耳机测评，哪款是你的菜？
2. 惊！5大蓝牙耳机竟能续航30小时，你用过几款？
3. 畅销榜TOP5！这些蓝牙耳机为何如此受欢迎？
4. 性价比之王！99元蓝牙耳机也能如此给力？
5. 揭秘！耳机发烧友必备的7款蓝牙耳机神器！
6. 听歌新体验！4款降噪蓝牙耳机让你沉浸在音乐世界！
7. 明星同款！3大热门蓝牙耳机，你离潮流就差这一步！
8. 升级你的听觉盛宴！6款蓝牙耳机音质比拼！
……

4.2.8 公文达人智能体

在文小言App中，公文达人智能体是专为处理各类公文设计的智能助手，它能够根据用户的需求，自动生成符合规范、结构严谨的公文模板，涵盖通知、规约、书信、报告、请示等多种类型。对需要频繁撰写公文的用户来说，公文达人智能体是不可或缺的得力帮手。下面介绍使用公文达人智能体的操作方法。

步骤01 进入"发现"界面，在"智能体"|"办公"选项卡中，选择"公文达人"智能体，如图4-44所示。

步骤02 进入"公文达人"界面，在下方的文本框中输入相应的指令，指导AI生成特定的内容，如图4-45所示。

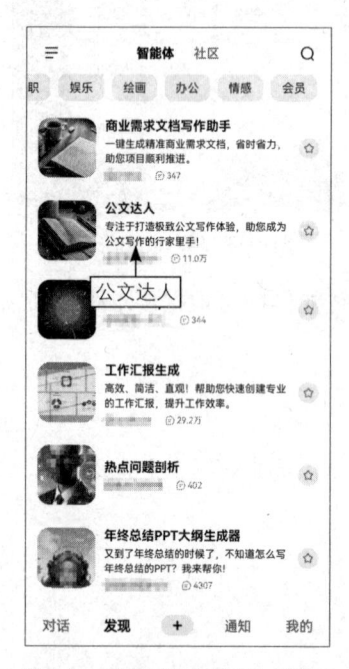

图 4-44 选择"公文达人"智能体　　图 4-45 输入相应的指令

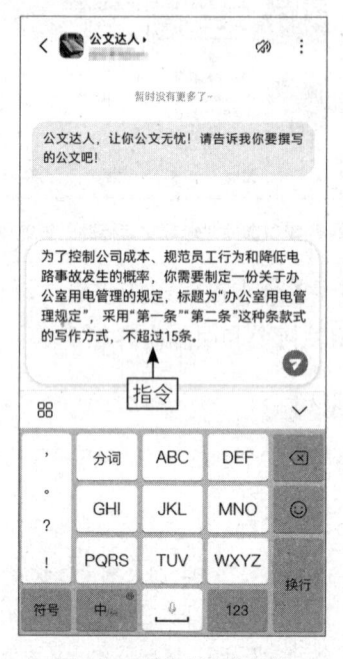

步骤03 点击发送按钮，公文达人智能体即可根据要求生成所需的内容，相关指令和回复内容如下。

💬 **提问**

为了控制公司成本、规范员工行为和降低电路事故发生的概率，你需要制定一份关于办公室用电管理的规定，标题为"办公室用电管理规定"，采用"第一条""第二条"这种条款式的写作方式，不超过15条。

文心一言

办公室用电管理规定

为有效控制公司运营成本，进一步规范员工用电行为，降低电路事故发生的概率，确保办公区域用电安全，特制定本规定。望全体员工遵照执行。

第一条 基本原则

办公室用电应遵循"安全第一、节约高效"的原则，全体员工应树立节能减排意识，合理、规范使用电器设备。

第二条 用电设备管理

1. 各部门应指定专人负责本部门电器设备的管理与维护，确保设备处于良好的运行状态。
2. 应定期对电器设备进行安全检查，发现问题及时维修，严禁使用存在安全隐患的设备。

第三条 节约用电措施

1. 应根据实际需要开启办公室内的照明设备，做到人走灯灭，严禁长明灯现象。
2. 电脑、打印机等办公设备在非使用状态下应及时关闭或进入休眠模式，减少待机能耗。
3. 禁止使用高能耗的取暖、制冷设备，确需使用的，应事先向行政管理部门申请并备案。

第四条 电路安全要求

1. 办公室内电路布局应合理，严禁私拉乱接电线，确保电路负荷在安全范围内。
2. 电器设备应使用符合国家安全标准的插座和插头，严禁使用劣质电器产品。

第五条 电器使用规定

……

第 5 章 场景 1：成为职场办公快手

当用户掌握了文心一言的基础操作后，即可在职场办公领域广泛应用，从制订工作计划到撰写工作日报，从发布招聘信息到生成考勤制度，文心一言都将成为职场人士的强大助手，它不仅能够提升用户的工作效率，还能确保文档的专业性和规范性。本章主要介绍文心一言在职场办公方面的具体应用，帮助大家成为职场办公的快手。

5.1 生成工作计划

工作计划是个人或组织为达成一定时期内的工作目标,所提出的实现方案与途径,它明确了工作的方向、重点和路径,有助于提高人们工作效率和质量,确保各项任务按时完成,减少盲目性,使工作有条不紊地进行。

文心一言能够根据用户的需求,提供个性化、定制化的工作计划,大大提高了计划的实用性。同时,文心一言还具备强大的自然语言处理能力,能够生成条理清晰、逻辑严密的工作计划,有助于用户更好地理解和执行。

此外,文心一言还能不断学习用户的写作风格和需求,逐步优化生成效果,为用户提供更加精准、有用的辅助。

【应用案例】为工程师编写工作计划

步骤01 在左侧的导航栏中单击"百宝箱"按钮,弹出"一言百宝箱"窗口,❶切换至"场景"|"职场效率"选项卡,其中显示了与职场办公相关的指令模板;❷单击"工作计划撰写"下方的"使用"按钮,如图5-1所示。

图 5-1 单击"工作计划撰写"下方的"使用"按钮

步骤02 执行操作后,返回文心一言页面,在下方的文本框中显示了工作计划的指令模板,用户可以根据需要适当修改指令内容,单击发送按钮 ,文心一言即可根据要求生成所需的内容,相关指令和回复内容如下。

提问

请为一名[资深软件测试工程师]编写一个[第三季度]工作计划,要求实现[完成测试用例管理后台及至少3个通用的重要业务自动测试脚本]的目标。注意你的计划需要包括以下要点:

【工作目标】明确你要达成的目标,把目标分解成具体的、可衡量的指标。

【工作任务】列出完成目标所需的任务,为每项任务设定截止日期,并规划好时间。

【所需资源】确定你需要哪些资源来协助你完成工作任务。

【风险预测】预测可能出现的困难和挑战,提前想好应对策略。

【跟进与评估】制定可跟踪进度的目标,设置定期检查机制。

文心一言

第三季度工作计划(资深软件测试工程师)

【工作目标】

1. 完成测试用例管理后台的开发与部署,实现测试用例的增、删、改、查功能,提升30%的测试效率。

2. 编写并上线至少3个通用的重要业务自动测试脚本,覆盖核心业务流程,自动化测试覆盖率提升至60%。

【工作任务】

1. 需求分析与设计(7月1日—7月10日):完成测试用例管理后台的需求分析,设计数据库结构及前端界面。

2. 后台开发(7月11日—8月10日):编码实现测试用例管理后台功能,进行单元测试。

3. 后台测试与部署(8月11日—8月20日):完成集成测试,修复问题,部署上线。

4. 自动测试脚本编写(8月21日—9月10日):分析业务需求,编写3个自动测试脚本,进行初步测试。

5. 脚本优化与上线(9月11日—9月20日):优化脚本性能,确保稳定运行,部署至自动化测试平台。

……

【技巧总结】

在制订工作计划时,需要先明确工作目标,并将其分解为具体、可衡量的指标。接着列出实现目标所需的任务,并为每项任务设定合理的截止日期与时间规划。同时,识别并确定所需资源,预测可能遇到的困难和挑战,并提前制定应对策略。为确保计划的执行效果,还需要设置可跟踪进度的目标和定期检查机制,以便及时调整计划。

文心一言能够生成条理清晰的工作计划,不仅可以提高人们的工作效率,还能确保计划的科学性和可行性,是个人和团队进行工作管理的重要工具。

★ 专家提醒 ★

在"一言百宝箱"窗口的"场景"|"职场效率"选项卡中，提供了丰富的职场办公提示词，旨在帮助用户快速提升工作效率，涵盖工作计划、工作日报、实习日志、会议纪要整理等多个方面，是职场人士的高效助手。

用户还可以在文心一言页面中，根据自己的需求直接输入有关工作计划的提示词或指令，指导AI生成所需的内容。

5.2 生成工作日报

工作日报是员工每日工作情况的记录和总结，旨在反映个人当天的工作进展、遇到的问题及解决方案，以及下一步的工作计划。它有助于管理者了解团队动态，促进工作透明化，同时也是员工自我反思和成长的工具。

使用文心一言能快速捕捉并整理关键信息，生成结构清晰、内容翔实的工作日报，减少了人工撰写的时间成本。同时，其强大的自然语言处理能力使日报表达更加流畅、准确，有助于提升沟通效果。此外，文心一言还能根据历史数据智能推荐内容，帮助员工更好地规划后续工作，发挥辅助作用。

【应用案例】为工作内容生成日报

步骤01 打开"一言百宝箱"窗口，❶切换至"场景"|"职场效率"选项卡；❷单击"日报生成"下方的"使用"按钮，如图5-2所示。

图 5-2 单击"日报生成"下方的"使用"按钮

步骤02 执行操作后，返回文心一言页面，在下方的文本框中显示了工作日报的指令模板，用户可以根据需要适当修改指令内容，单击发送按钮 ➤，文心一言即可根据要求生成所需的内容，相关指令和回复内容如下。

提问

请你根据我的工作产出为我生成一份日报。
要求润色我的工作成果并为我制订明日工作计划。
结果需要以列表的形式呈现。
我的主要工作产出是：[拜访了3名高潜客户，同1位客户签订了10万元的意向合同]。

文心一言

日报
一、今日工作成果
1. 高效客户拜访：
成功拜访了3名具有高潜力的客户，深入了解了他们的业务需求和市场动态。通过专业的沟通和交流，进一步提高了客户对公司的信任度和认可度。
2. 意向合同签订：
与其中1位高潜客户达成了深度合作意向，并顺利签订了价值10万元的意向合同。该合同的签订不仅为公司带来了直接的业绩提升，也为后续的业务拓展奠定了坚实的基础。
二、明日工作计划
1. 跟进已签约客户：
跟进今日签订的意向合同客户，细化合作方案，确保合同顺利转化为实际订单。深入了解客户需求，提供定制化的服务方案，提高客户满意度和忠诚度。
2. 继续客户拜访：
安排拜访剩余的高潜客户，进一步拓展客户资源，挖掘潜在的商机。提前准备拜访资料，确保拜访过程高效、专业。
……

【技巧总结】

利用文心一言生成工作日报时，关键在于明确工作产出并提炼关键信息。首先，列出具体的工作成果，如拜访客户数量和签订的意向合同金额。接着，运用文心一言润色并重新描述工作成果，使其更加生动、准确。同时，文心一言会结合历史数据和当前情况，智能推荐并制订明日工作计划，确保日报内容翔实、结构清晰。

这种方法不仅提高了日报的撰写效率，还增强了沟通效果，有助于员工自我反思和成长，以及管理者了解团队动态。

5.3 生成实习日志

实习日志是实习生在实习期间记录每天的工作内容、学习心得及个人成长的日记文档。它有助于实习生反思学习过程，总结经验教训，并为未来的职业发展提供参考。

使用文心一言生成实习日志的独特优势在于其智能化和高效性，能快速整理关键信息，减少人工撰写的时间成本，同时提供语法和拼写检查，确保日志的专业性和准确性，助力实习生更好地总结成长，提升职场竞争力。

【应用案例】大四学生的实习日志

提问

你是[商务英语]专业的大四学生，你在一家[外贸]公司实习，岗位是[外贸业务员]，现在请你写[实习第一天日志]，要求[500字]左右。

文心一言

实习第一天日志

××××年××月××日，晴

今天是我在××外贸公司实习的第一天，我既兴奋又紧张。作为商务英语专业的大四学生，能够进入这样一家专业的外贸公司实习，对我来说是一个难得的机会。

早上，我提前半小时到达了公司，进行了简单的入职登记和手续办理。随后，我被带到了外贸业务部，部门经理热情地接待了我，并向我介绍了部门的基本情况和业务流程。我了解到，外贸业务员的主要工作是与客户沟通，处理订单，以及跟进货物的生产和发货等。

上午，我主要学习了公司的产品知识和外贸业务的相关知识。通过查看公司的产品手册和资料，我对公司的产品有了初步的了解。同时，我也学习了外贸业务流程中的各个环节，包括报价、合同签订、付款方式等。这些知识让我对外贸业务有了更深入的认识。

下午，我开始尝试与同事一起处理一些简单的业务事务，如整理客户资料、回复客户邮件等。虽然这些工作看似简单，但我却从中体会到了外贸业务员工作的烦琐和细致。每一个细节都需要我们认真对待，稍有疏忽就可能给客户带来不便或损失。

……

【技巧总结】

在这个提示词案例中，明确了实习岗位（外贸业务员）及日志主题（实习第一天日志），聚焦记录第一天的工作内容、学习心得及初入职场的感受。

利用文心一言的智能整理功能，能够快速捕捉关键信息，如公司文化、岗位职责等。同时，借助其语法和拼写检查功能，能够确保实习日志表述专业、准确。在字数控制上，注意精炼语言，确保在500字左右的篇幅内完整地呈现实习第一天的全貌，为后续实习反思与成长提供参考。

5.4 生成招聘信息

招聘信息是企业或组织为了招募新员工而发布的详细说明，通常包含职位名称、公司简介、职位描述、主要职责、任职要求、薪资待遇及申请方式等内容。

使用文心一言生成招聘信息可确保内容准确、专业，快速吸引合适的人才，它能智能化匹配职位要求，优化描述，提升招聘广告的吸引力。同时，支持生成多个版本，以适应不同的招聘平台，提高招聘的效率，助力企业迅速锁定并吸引目标求职者。

【应用案例】AI产品经理的招聘信息

提问

你是一位HR，需要发布招聘需求并筛选相关人才，请你根据对候选人的几个关键要求，设计一份完整的[AI产品经理]职位描述。要求：[研究生以上学历，3年以上经验，对算法应用有一定的了解，计算机等相关专业，具备敏锐的市场洞察能力及严密的逻辑分析能力]。

文心一言

职位名称：AI产品经理

一、公司简介

（请根据实际情况填写，例如）我们是一家在人工智能领域具有深厚技术积累和创新能力的高科技企业，专注于利用AI技术为客户提供智能化解决方案。我们的团队由来自全球的顶尖科学家、工程师和行业专家组成，致力于扩展AI技术的边界，创造更智能的未来。现因业务快速发展需要，诚邀有志之士加入我们的AI产品经理团队。

二、职位描述

我们正在寻找一位具有深厚技术背景、敏锐的市场洞察力和卓越领导能力的AI产品经理，以推动我们产品的创新与发展。作为AI产品经理，您将负责从产品构思、规划、设计到市场投放的全过程，确保我们的产品能够引领市场趋势，满足用户需求，创造商业价值。

三、主要职责

1. 产品规划与设计：根据市场需求、技术趋势和竞争态势，制定AI产品的长期战略规划，包括产品路线图、功能需求、用户体验设计等。

2. 技术对接与应用：与技术团队紧密合作，确保产品功能的实现与技术创新，对算法应用有一定的了解，能够指导技术团队进行算法优化和应用创新。

……

【技巧总结】

在撰写AI产品经理的招聘信息时，首先要明确职位的核心要求，如学历背景、工作经验、专业技能等。在这个提示词案例中，对职位的要求进行了详细描述，以确保文心一言生成的招聘信息准确、专业，以吸引合适的人才。

5.5 生成培训课件

培训课件是专为培训活动设计的材料，整合了文字、图表、案例等，旨在帮助学员系统地学习并掌握知识技能。文心一言能够帮助用户快速构建出内容完整、结构清晰的课件框架，大大节省了制作时间，提高了工作效率。用户只需输入相关指令，即可快速生成一份高质量的培训课件大纲。

扫码看教学视频

【应用案例】新员工入职培训

提问

你是公司的人事负责人，你需要设计一份新员工入职的培训课件。

文心一言

新员工入职培训课件大纲

一、封面

1. 公司LOGO
2. 课件标题：《新员工入职培训指南》

二、欢迎致辞

1. 公司高层寄语
2. 人力资源部门介绍
3. 培训目的与期望

三、公司概况

1. 公司历史与愿景
2. 核心价值观与企业文化

3. 组织架构与部门职能

4. 地理位置与办公环境

四、规章制度

1. 工作时间与休息制度

2. 薪酬福利体系

3. 员工手册与行为准则

……

【技巧总结】

利用文心一言快速生成新员工入职培训课件，可大幅提高制作效率与质量。在这个提示词案例中，明确了培训目标，如"设计一份新员工入职的培训课件"，让文心一言自动生成内容完整的培训课件大纲。

在此基础上，用户可适当调整内容，添加公司特色与实用案例，使课件更具针对性与吸引力。此方法不仅节省了人们的时间成本，还确保了课件的专业性与实用性。

5.6 生成考勤制度

考勤制度是企业管理中的一项基本制度，用于记录和追踪员工的出勤情况，包括迟到、早退、请假、加班等信息，有助于维护企业的工作秩序，提高工作效率，确保员工按时到岗，履行工作职责。同时，考勤制度也是员工计算薪酬的重要依据。

文心一言能够智能化地整合和分析考勤管理的要点，快速构建出结构清晰、内容全面的考勤制度框架。它还能根据企业的实际情况和需求，提供个性化的建议和方案，使考勤制度更加贴合企业的管理需求，减少人为因素导致的考勤管理混乱和纠纷，提升企业的管理效率和员工的满意度。

【应用案例】 制定考勤制度

提问

你是公司行政人员，需要给公司制定考勤制度，分"考勤""请假"两个部分展开，至少1000字，要求体现以下内容：1.统一上班时间为早上9点，下班时间为晚上6点，每周一到周五正常上班；2.请假需要至少提前1天，假期类型可以分为事假、年假、病假等；3.员工上、下班需要按时打卡考勤，每个月有5次补卡机会。

> **文心一言**
>
> 公司考勤与请假管理制度
> 一、考勤制度
> 为了维护公司正常的工作秩序，提高工作效率，营造良好的工作氛围，特制定本考勤管理制度。本制度旨在明确员工的上下班时间要求及考勤管理流程，确保每位员工都能按时到岗，高效地完成工作任务。
> 1. 工作时间安排
> · 统一上班时间：全体员工每周一至周五的上班时间为早上9:00，请确保在此之前完成个人准备并到达工作岗位。
> · 下班时间：正常下班时间为18:00，鼓励员工在此之前完成当天的工作任务，如有特殊情况需加班，需按照公司加班管理制度执行。
> · 午休时间：中午12:00至13:30为午休时段，员工可根据实际情况安排短暂休息或用餐，确保下午以饱满的精神状态投入工作。
> 2. 打卡要求
> · 上下班打卡：员工每日上下班均需通过公司指定的考勤系统进行打卡记录，以此作为出勤凭证。请务必在规定时间内完成打卡，避免漏打或迟到早退。
> ……

【技巧总结】

在这个提示词案例中，明确了"考勤、请假"两大核心板块，先设定统一的上下班时间，明确工作日安排。随后细化请假规定，包括提前申请时间、假期类型划分等。在考勤环节，强调打卡制度，并设定合理的补卡机会。利用文心一言的智能化整合分析能力，可结合企业实际，灵活调整制度细节，确保考勤制度既严谨又人性化，有效提升管理效率，减少纠纷，提升员工的满意度与归属感。

5.7 生成会议纪要

会议纪要是在会议结束后，对会议内容、讨论事项、决策结果等进行整理、归纳和记录的文档。它不仅是会议的重要成果之一，也是后续工作的依据和参考，有助于确保信息的准确传递和任务的顺利执行。文心一言能够快速提取会议中的关键信息，并自动整理成结构清晰、条理分明的纪要文档，大大提高了纪要编写的效率。

【应用案例】整理会议纪要

提问

我将给你提供一段会议纪要，帮我整理成更规范的形式，包括会议的基本信息、目的和议题、内容摘要、决议和行动事项、附件和参考信息。

以下是会议纪要的内容：……

文心一言

> 会议纪要
> 一、基本信息
> 1.会议主题：月度销售策略会。
> 2.时间：11月23日，14:00—15:00。
> 3.参与者：张经理、李主任、王小姐。
> 二、目的和议题
> 1.目的：回顾上个月的销售情况，规划新产品推广策略，优化客户服务。
> 2.议题：
> ·研讨新产品推广计划。
> ·分析上个月的销售数据，提出改进措施。
> ……

【技巧总结】

利用文心一言整理会议纪要，需要先明确规范格式，包括基本信息、议题、内容摘要等。针对提供的会议内容，通过文心一言快速提取关键信息，自动整理成条理分明的文档。此过程既提高了效率，又确保了信息的准确与完整，尤其适用于会议内容繁杂、需要快速形成纪要的情况，是提升会议管理效率的有效手段。

5.8 生成 HR 面试问题

HR面试问题是企业招聘过程中用于评估应聘者的能力、经验和潜力的关键问题。这些问题旨在深入了解应聘者的专业技能、团队合作能力、解决问题的能力，以及对企业文化的适应性等，从而帮助企业筛选出最合适的候选人。

【应用案例】产品运营经理

提问

现在你是一名[互联网]公司的面试官,你将面试[产品运营经理]岗位的候选人,请从[专业知识技能、通用能力、经验、个人特质]4个角度出发,准备一个面试问题列表。

文心一言

> 面试问题列表:产品运营经理岗位
> 一、专业知识技能
> 1. 用户增长策略:请描述一次你成功推动用户增长的案例,包括你采取的具体策略、执行过程、遇到的挑战及解决方案,以及最终成果。
> 2. 数据分析应用:在以往的工作中,你是如何利用数据分析来优化产品运营决策的?请举例说明,并谈谈你常用的数据分析工具或平台。
> 3. A/B测试:请解释一下A/B测试的基本原理,并分享一次你主导或参与的A/B测试项目,包括测试目的、假设、设计、结果分析及后续行动。
> 4. 产品生命周期管理:请概述产品从引入期到衰退期的不同阶段,以及你在每个阶段会采取的关键运营策略。
> 5. 市场趋势洞察:你是如何保持对市场趋势和用户需求的敏感度的?请分享你最近关注的一个市场趋势,并讨论它对你的产品运营策略有何影响。
> ……

【技巧总结】

在这个提示词案例中,要求为产品运营经理岗位的面试准备面试问题,需要从专业知识技能、通用能力、经验、个人特质4个方面设计问题,这有助于全面评估候选人的综合能力及其与岗位的匹配度,确保选拔出既具备专业技能又符合企业文化的高质量人才。

文心一言能根据企业需求,自动生成具有针对性和深度的面试问题,有效评估应聘者的综合能力,不仅提高了面试的效率和效果,还确保了问题的全面性和客观性。

第6章 场景2：成为自媒体运营达人

　　文心一言作为一个强大的语言处理工具，能够帮助自媒体人快速生成高质量的内容，从而提高内容创作效率。同时，文心一言还能提供丰富的素材和创意，帮助自媒体人打破创作瓶颈，实现内容的多样化。本章主要介绍文心一言在自媒体方面的具体应用，帮助自媒体人提升创作效率。

6.1　生成自媒体文章的创意标题

自媒体文章的创意标题是吸引读者点击、阅读的第一道门槛，它不仅要概括文章主题，还要新颖有趣，激发读者的好奇心和探索欲。一个好的标题能够瞬间抓住读者的眼球，引导他们深入了解文章内容。利用文心一言能够生成既符合文章主旨又富有创意的标题，是自媒体运营中不可或缺的一环，有助于提升内容传播效果和账号的影响力。

扫码看教学视频

【应用案例】桂林山水之旅

`步骤 01` 在左侧的导航栏中单击"百宝箱"按钮，弹出"一言百宝箱"窗口，❶切换至"职业"选项卡；❷单击"自媒体"标签，其中显示了与自媒体相关的指令模板；❸单击"自媒体标题"下方的"使用"按钮，如图6-1所示。

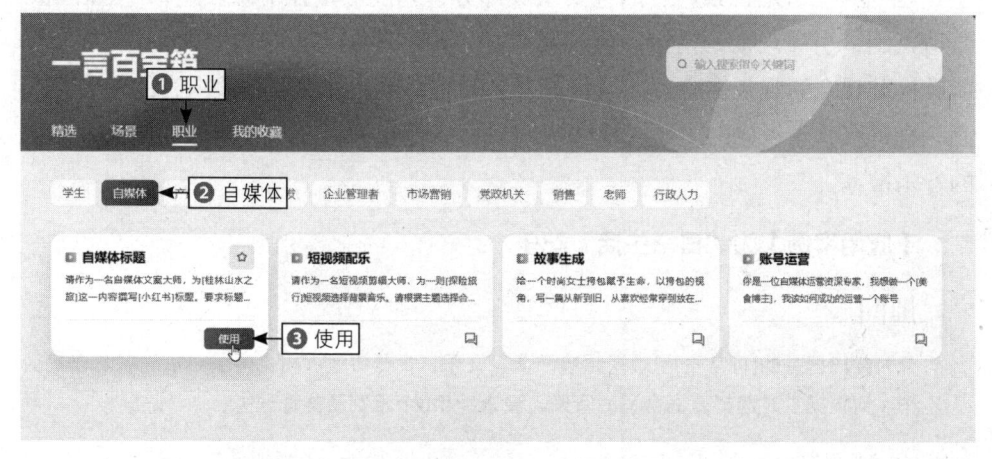

图 6-1　单击"自媒体标题"下方的"使用"按钮

`步骤 02` 执行操作后，返回文心一言页面，在下方的文本框中显示了与自媒体标题相关的指令模板，用户可以根据需要适当修改指令内容，单击发送按钮，文心一言即可根据要求生成所需的内容，相关指令和回复内容如下。

提问

请作为一名自媒体文案大师，为[桂林山水之旅]这一内容撰写[小红书]标题。要求标题吸睛，新潮有趣，激发受众的探索欲、点击欲。请给出5个示例。

文心一言

1. 桂林不只山水甲天下，这趟秘境之旅让你美哭在画里！
2. 穿越千年的仙境之旅！桂林山水，美得不似人间！

3. 解锁桂林隐藏玩法！乘竹筏漂进中国最美水墨画！
4. 揭秘！桂林山水背后的神秘故事，等你来探！
5. 桂林不只是诗和远方，它是你未曾踏足的梦幻仙境！

【技巧总结】

在这个提示词案例中，针对"桂林山水之旅"这一内容，指出了标题应突出桂林的自然美景与旅行体验。提示词中还强调了"吸睛""新潮有趣"的特点，旨在激发读者的探索欲和点击欲。同时，标题还要求激发探索欲，因此可通过提问或设置悬念的方式，如"你未曾踏足的梦幻仙境"等，促使读者点击阅读。

6.2　生成短视频的配乐建议

短视频配乐是视频内容的重要组成部分，它能够增强情感表达，营造氛围，引导观众的情绪，使视频更加生动和吸引人。合适的配乐能够提升观众的观赏体验，让观众更容易产生共鸣，加深对视频内容的印象。文心一言可以基于视频的主题、情感基调及目标受众的喜好，为创作者提供个性化的音乐推荐。

【应用案例】为"日常生活"配乐

提问

请为一段博主的[日常生活]短视频选择背景音乐，主要讲述农村生活的一日三餐与辛勤劳作。请根据主题选择风格合适的音乐，要求给出6个示例及推荐理由。

文心一言

当为一段展现农村生活一日三餐与辛勤劳作的短视频选择背景音乐时，应当考虑音乐的温馨、质朴和节奏性，以匹配视频中的田园风光和勤劳氛围。以下是6个示例及推荐理由。

1.《稻香》

推荐理由：这首歌充满了对乡村生活的怀念和向往，歌词中的"还记得你说家是唯一的城堡，随着稻香河流继续奔跑"等句子，与农村生活的宁静和勤劳主题相契合。旋律轻快，易引起观众的共鸣。

2.《平凡之路》

推荐理由：虽然这首歌原本是为电影《后会无期》所作的，但其传达出的平凡生活的美好与人们的坚持，与农村生活的日常和辛勤劳作相呼应。音乐风格简单而不失力量感，适合作为背景音乐。

3. 《乡间的小路》
......

【技巧总结】

这段提示词案例为博主选择农村生活短视频的背景音乐提供了清晰的思路和方向，它强调了音乐应与视频主题（农村生活、一日三餐、辛勤劳作）相契合，并要求提供6个具体示例，每个示例都需要附带推荐理由，说明音乐如何与视频内容相呼应。

这种结构化的呈现方式有助于文心一言快速理解并筛选出最合适的背景音乐，提升内容的吸引力和专业性。

6.3 生成一段产品故事情感文案

产品故事情感文案是通过讲述产品背后的故事，结合情感元素，来触动消费者内心的，增强品牌与消费者之间的情感连接，它不仅描述了产品的功能和特点，更注重传递产品的情感价值，让消费者在情感上产生共鸣。文心一言可以精准捕捉产品的特性和品牌理念，结合目标受众的情感需求，创造出具有感染力的文案内容。

【应用案例】手链的故事

提问

这款手链由匠人手工打磨，每一颗珠子都承载着温暖的故事。它不仅是装饰，更是情感的传递者，让你我相连，感受那份独特的情感温度。请为这个主题写一段产品故事情感文案。

文心一言

在这条细腻地缠绕于腕间的手链背后，藏着一串串未完待续的温情篇章。每一颗珠子，都是匠人心血的结晶，它们在时间的砂轮下缓缓旋转，被温柔的手指细细雕琢，不仅磨去了棱角，更融入了匠人对美好生活的无尽向往与祝福。这不仅仅是一件饰品，还是穿梭于日常琐碎生活中的一抹亮色，更是匠人灵魂与佩戴者心灵之间，无声却深刻的对话。

每一圈环绕，都仿佛在低语，讲述着那些关于爱、梦想与坚持的故事。它见证了匠人手中温度的传承，也承载着你我之间，那些未曾言说的情感与默契。当阳光透过珠子的缝隙，洒下斑驳的光影时，那一刻，不仅是光影的游戏，更是心灵触碰的瞬间，让遥远的两颗心，因这份独特的情感温度而紧紧相连。
......

【技巧总结】

在这个提示词案例中，通过细腻的情感描绘，为一款手工打磨的手链赋予了深厚的情感价值，它不仅仅强调了手链的工艺之美，更巧妙地将其与匠人的故事、佩戴者的情感世界相结合，营造出一种超越物质的情感连接。

通过"打磨""温度"等提示词的运用，增强了文案的感染力，使读者在欣赏产品的同时，也能感受到其中蕴含的温度与故事，实现了产品情感价值的最大化。

6.4 提供自媒体账号运营技巧

掌握自媒体账号运营技巧能精准地定位受众，提升内容质量与吸引力，优化发布策略以扩大传播效果。同时，它能增强与粉丝的互动，构建良好的社区环境，并通过数据分析不断地改进运营策略。这些技巧对于提升账号的影响力、增强用户黏性，以及实现商业价值至关重要，是自媒体成功运营的关键。

文心一言能够基于大数据，为自媒体运营者提供个性化的策略指导，提供有针对性的运营建议，帮助运营者提升内容质量和账号的传播效果。

【应用案例】运营自媒体账号

提问

如何提高自媒体账号的曝光率和粉丝互动率？

文心一言

要提高自媒体账号的曝光率和粉丝互动率，可以从以下几个方面入手。
一、提高曝光率
1. 优质内容创作：提供有价值、有趣、独特且符合目标受众兴趣的内容；确保内容创新性高，能够引起读者的兴趣和共鸣。
2. 优化标题和摘要：注重表达文章的核心观点，用词简洁、生动；巧妙地运用数字、疑问句式等技巧，增强标题的吸引力。
3. 定期更新内容：保持一定的发布频率，使账号在搜索引擎中保持活跃；根据目标受众的活跃时间，合理安排发布时间，如早上、中午和晚上。
4. 利用社交媒体推广：在微博、微信等社交媒体平台上分享作品，并邀请朋友和粉丝转发；积极参与平台活动，提高曝光率和关注度。
5. 合作与分享：与其他自媒体人或相关行业人士合作，共同推广内容，扩大曝光范围；

互相推荐读者，共同提高曝光率。
……

【技巧总结】

在这个提示词案例中，指出了"提高曝光率与粉丝互动率"的要求，其关键在于精准定位受众，持续优化内容，运用数据分析调整策略，同时积极回应粉丝反馈的信息，增强互动性与用户黏性。文心一言能够帮助运营者调整运营策略，提高自媒体账号的吸引力。因此，使用文心一言生成自媒体账号运营技巧，有助于自媒体运营者更加高效、精准地开展工作，提升自媒体账号的整体表现。

6.5 生成吸引人的朋友圈文案

朋友圈文案是指用户在社交媒体平台上，为了分享生活、表达情感、推广产品等撰写的文字内容。优秀的朋友圈文案能够迅速吸引他人的注意，传递信息，引发共鸣，甚至带动社交互动。文心一言能够精准地捕捉用户的情感和需求，帮助用户更好地表达自己的想法和感受，增强朋友圈文案的感染力。

扫码看教学视频

【应用案例】端午节祝福文案

提问

请你提供一些可以群发和发朋友圈的端午节祝福文案，要求小众、高级，有趣味。

文心一言

1. 粽香四溢，不只是味蕾的盛宴，更是传统文化的深情告白。端午安康，愿你的生活如彩绸缠绕的粽子，层层精彩，口口甜蜜。

2. 龙舟破浪，唤醒沉睡的江面；艾草青青，守护家门的安宁。在这个古老又清新的节日里，愿你的日子比糯米更黏腻幸福，比粽叶更清新脱俗。

3. 端午至，不只是纪念，更是心灵的归宁。愿你的心灵像汨罗江水一样深邃清澈，生活如粽子般丰富多彩，甜而不腻，每一口都是惊喜。

4. 当艾草遇上糯米，是自然的诗意邂逅；当传统遇见你我，是文化的温暖传递。端午安康，愿你的每一天都包裹着爱的味道，甜在心头，暖在四季。

5. 不是所有的节日都适合群发，但端午的祝福必须泛滥——因为每一颗糯米都藏着深情，每一片粽叶都包裹着思念。愿这特别的日子，带给你不一样的幸福滋味。

6. 在龙舟竞渡的激情中，感受那份不屈的力量；在粽香四溢的温馨里，体会家的味道。端午佳节，愿你的生活既有激流勇进的勇气，也有岁月静好的温柔。
……

【技巧总结】

这个提示词案例聚焦于"端午节祝福文案"的创作需求，强调文案需具备"小众、高级"与"有趣味"的特点，适合群发及朋友圈分享，要求文案不仅传达节日祝福，还要能吸引眼球，体现个性与创意。文心一言能够捕捉用户对独特表达和情感共鸣的追求，生成既符合节日氛围又具有新颖性的文案，以满足用户通过文案增进社交互动的需求。

6.6　生成转化率高的公众号文章

公众号文章是指在微信公众号平台上发布的文章，它们可以是新闻资讯、专业知识分享、生活感悟、娱乐八卦等内容，旨在为读者提供有价值的信息和阅读体验。文心一言能够根据文章主题和受众特点，优化文章结构和语言表达，提高文章的可读性，促使读者产生购买、关注、分享等转化行为。

扫码看教学视频

【应用案例】护肤

提问

写一篇关于"护肤"的公众号推文，内容要精彩，转化率要高。

文心一言

【标题】解锁肌肤密语，让你的美超乎想象——高级护肤秘籍大公开！

亲爱的美丽探索者们，欢迎踏入这场关于肌肤蜕变的奇妙旅程！在这个快节奏的时代，我们总在寻找那份能让自己闪耀不凡的秘密武器。今天，就让我带你一起，揭开高效护肤的神秘面纱，让你的肌肤不仅仅是变好，而是蜕变成人人羡慕的"水光肌"！

第一步：认识你的肌肤

你知道吗？每个人的肌肤都是独一无二的。干性、油性、混合性或敏感性……了解你的肤质，是护肤的第一步。就像定制服装一样，为肌肤选择最适合它的护理方案，才能事半功倍哦！使用专业的肤质测试仪，或者简单地观察日常出油、紧绷情况，找到属于你的肌肤类型，开启专属护肤之旅吧！

第二步：深层清洁，唤醒活力

……

【技巧总结】

在这个提示词案例中，指出了"内容需精彩，转化率要高"，旨在提高文章的转化率。这要求文心一言所生成的文章不仅要提供有价值的护肤知识或技巧，还需要吸引读者注意并激发其行动（如购买产品、关注公众号、分享文章）。

　　文心一言能够优化文章的架构与语言，确保信息价值高且易于被人们接受，通过融入护肤新知识与实用技巧，结合转化引导策略，激发读者购买、关注、分享的兴趣，有效提升文章的互动与转化效果，实现护肤内容营销价值的最大化。

6.7　生成小红书种草文案

　　小红书种草文案是指通过文字形式推荐和分享某一商品或服务的优秀品质，以激发他人购买欲望的文案。这种文案通常包含对商品的详细描述、使用心得、优势特点等内容，并注重情感共鸣和真实性，以吸引读者的注意力并建立信任感。

　　文心一言生成的文案不仅符合小红书的推荐算法，还具备较高的阅读性和传播性，通过智能分析和优化，确保文案内容新颖、有吸引力，能够引发用户的兴趣。

【应用案例】智能家居音响

● **提问**

请为我生成一篇小红书种草文案，主题为"智能家居音响"，适合年轻人使用，详细描述自身的使用体验并分享产品的亮点，最后提供购买链接或优惠信息。

● **文心一言**

> 标题：年轻人必备！这款智能家居音响，让我的蜗居秒变音乐派对现场！
> 小伙伴们，今天要给你们种草一款彻底改变我居家生活的黑科技——智能家居音响！自从它入驻我的小窝，每一天都像是生活在未来电影里，太酷了！
> 说说我的使用体验吧！每天下班回家，一句"嗨，小智，我回来了！"它就自动开启欢迎模式，播放我最喜欢的歌单，那一瞬间，所有的疲惫都烟消云散，仿佛被一股温暖的力量拥抱。
> 最让我惊喜的是它的智能交互功能！它不仅能识别我的语音指令，还能根据我的喜好推荐音乐、新闻甚至是菜谱！简直是生活中的小助手，让我的生活变得更加便捷和有趣。
> ……

【技巧总结】

　　在这个提示词案例中，当使用文心一言生成小红书种草文案时，需要确定目标人群，有针对性地推荐产品，并通过简洁明了的语言和清晰的逻辑结构来呈现产品的特点和优势。同时，结合自身的使用体验分享产品的亮点，邀请读者评论、提问，增加互动性，在文章中还要提供产品的购买链接或优惠信息，以引导读者购买。

6.8 策划自媒体账号互动活动

自媒体账号互动活动是指自媒体运营者为了增强与粉丝之间的联系，提升账号活跃度而策划的一系列线上或线下活动。使用文心一言能够高效地为活动提供创意和文案支持，帮助运营者快速构思活动方案，提高活动的参与度和影响力。

【应用案例】线上活动方案

提问

请为我构思一份提升自媒体账号粉丝互动与活跃度的线上活动方案，包含创意主题、活动形式、互动环节及预期效果，内容精炼。

文心一言

> 线上活动方案
> 一、创意主题
> 粉丝共创·精彩一刻
> 二、活动形式
> 1. 直播挑战赛：邀请粉丝参与才艺展示或创意挑战，设置多个主题（如"最搞笑瞬间""最美风景分享"等），通过直播平台进行。
> 2. 互动问答环节：在直播中设置问答时间，粉丝提问，主播现场回答，增加互动。
> 3. 粉丝作品展示：征集粉丝创作的与主题相关的内容（如短视频、图文），在账号内进行展示和投票。
> 三、互动环节
> 1. 实时投票：在直播挑战赛中，观众通过弹幕或特定平台为喜欢的选手投票，增加参与感。
> 2. 粉丝连线：随机抽取粉丝进行视频连线，进行一对一互动，提升粉丝亲近感。
> ……

【技巧总结】

在这个提示词案例中，明确了活动目标为"提升自媒体账号粉丝互动与活跃度"。利用文心一言，可以快速构思创意的活动主题与形式，如线上活动，设计了趣味互动环节，如实时投票、粉丝连线等，以吸引粉丝参与。文心一言在此过程中提供了文案支持，助力活动方案高效成型，以提升活动的参与度与账号的影响力。

第 7 章 场景 3:成为产品运营的能手

本章将详细介绍文心一言如何助力人们成为产品运营的能手,无论是撰写精准的产品说明书、制订品牌推广计划,还是设计用户参与活动,文心一言都将以其强大的功能,为人们提供有力的支持和指导,让人们在产品运营的道路上更加得心应手,轻松应对各种挑战。

7.1 撰写产品说明书

产品说明书是对某一产品的详细介绍和说明，通常包括产品的功能、特点、使用方法、注意事项、维护保养等内容，它是消费者了解和使用产品的重要指南，也是企业向消费者传递产品信息、保障消费者权益的重要工具。

文心一言拥有先进的自然语言生成技术，能够根据用户输入的产品信息，自动生成结构清晰、语言流畅的产品说明书，大大提高了产品说明书的制作效率。

【应用案例】运动手环

步骤01 在左侧的导航栏中单击"百宝箱"按钮，弹出"一言百宝箱"窗口，❶切换至"职业"选项卡；❷单击"产品/运营"标签，其中显示了与产品运营相关的指令模板；❸单击"说明书"下方的"使用"按钮，如图7-1所示。

图7-1 单击"说明书"下方的"使用"按钮

步骤02 执行操作后，返回文心一言页面，在下方的文本框中显示了与产品说明书相关的指令模板，用户可以根据需要适当修改指令内容，单击发送按钮 ，文心一言即可根据要求生成所需的内容，相关指令和回复内容如下。

提问

请作为一名[电子产品]设计专家，写一份[运动手环]说明书，要求目标读者明确、使用场景清晰、功能说明详细、示例直观、语言简洁明了。

> **文心一言**
>
> 运动手环使用说明书
> 1. 目标读者：本说明书面向所有购买并使用本款运动手环的用户，特别是关注健康、热爱运动的群体。
> 2. 产品概述：感谢您选择我们的运动手环！本手环集健康监测、运动记录、信息提醒等功能于一体，旨在为您的日常生活和运动提供便捷与乐趣。
> 3. 使用场景：
> · 日常佩戴：全天候监测心率、血压（仅供参考）、睡眠质量等健康数据。
> · 运动健身：在跑步、骑行、游泳等多种运动模式下，精准记录运动数据，包括步数、卡路里消耗、运动时长等。
> · 信息提醒：接收来电、短信、社交应用消息，让您在运动中也不错过任何重要信息。
> ……

【技巧总结】

撰写产品说明书需明确目标读者，清晰地描述使用场景，详细列举功能并附上直观的示例，同时保持语言简洁明了。在运动手环说明书中，通过精准的提示词引导，结合电子产品设计的专业知识，文心一言能够自动生成结构清晰、信息全面的产品说明书，大幅提升了产品说明书的制作效率，确保消费者快速了解产品。

7.2 撰写一份产品方案

产品方案是指对拟建项目产品的品种、数量、规格的规划，旨在通过合理的规划，谋求理想的利润空间。文心一言能够帮助用户高效地生成产品方案的内容，如产品描述、市场分析、定位策略等，极大地节省了用户的时间并提高了工作效率。

【应用案例】AI聊天App

提问

请作为一名产品经理，撰写一份[AI聊天App]的产品方案文档，特别注意文档的清晰度、条理性、可执行性和逻辑性，确保技术实现可行并且符合业务需求和用户体验要求。

文心一言

> AI聊天App产品方案文档
> 一、产品概述
> 1. 产品名称：AI密友ChatMate
> 2. 产品定位：
> AI密友ChatMate是一款集智能对话、情感陪伴、个性化学习于一体的AI聊天应用程序，旨在为用户提供全天候、个性化、高情商的交流体验，满足用户在娱乐、学习、心理健康等方面的需求。
> 3. 目标用户：
> ・年龄段：16岁至45岁，覆盖学生、职场人士、中年人等不同的群体。
> ・兴趣偏好：对科技感兴趣，寻求情感寄托，有自我提升需求的用户。
> ・使用场景：日常闲聊、情绪疏导、知识问答、语言学习等。
> 二、市场分析
> ……

【技巧总结】

在使用文心一言撰写产品方案时，需要注重清晰度、条理性，确保可执行性与逻辑性。在这个提示词案例中，以"AI聊天App"产品为例，利用文心一言可高效生成产品方案的细节内容，大大节省了用户的时间，提升了工作效率。同时，用户需要确保其技术可行、符合业务需求及用户体验要求，助力产品方案精准落地。

7.3 制订品牌推广计划

品牌推广计划是为提高品牌知名度和市场影响力而制定的策略，通常包括市场分析、目标受众、推广渠道和评估指标等要素，它旨在系统性地规划品牌活动，以实现特定的市场目标。使用文心一言生成品牌推广计划，可以提高效率和创造力，它能够快速提供市场洞察和策略建议，帮助用户准确定位目标受众。

【应用案例】新兴环保品牌

提问

请为一家新兴环保品牌制订品牌推广计划，包括目标受众分析、社交媒体策略和预算分配，重点突出品牌的可持续性和社会责任。

> **文心一言**
>
> 新兴环保品牌推广计划
> 一、目标受众分析
> 1.主要受众群体
> ·环保意识强的消费者：这部分人群比较关注环境问题，愿意购买环保产品，并积极参与环保活动。
> ·年轻消费者：年轻人通常更容易接受新鲜事物，对环保理念有较高的认同感，且社交媒体活跃度高。
> ·企业客户：注重社会责任的企业，愿意采购环保产品和服务，以提升自身品牌形象。
> 2.受众需求分析
> ·对环保产品和服务的需求：消费者希望购买到对环境影响小的产品，如使用可回收材料制成的产品。
> ……

【技巧总结】

该提示词案例围绕"新兴环保品牌"的品牌推广计划，强调了3个关键要素"目标受众分析、社交媒体策略和预算分配"。通过分析目标受众，文心一言能提出符合其需求的推广方法；而社交媒体策略则能有效提升品牌曝光率，增加互动；预算分配明确的要求有助于生成可行的财务计划，确保推广活动的可持续性。整体上，该提示词增强了文心一言生成内容的实用性，有助于品牌快速制订有效的推广计划。

7.4 制定产品活动运营方案

产品活动运营方案是针对特定产品或服务而设计的系统性计划，旨在通过一系列活动来提升产品的市场知名度、销售量和用户参与度。

文心一言可以快速分析市场趋势，帮助用户明确活动目标和受众定位，还能提供多种创意活动形式，促进创新。文心一言为产品活动策划提供了高效的支持，助力企业在激烈的市场竞争中脱颖而出。

【应用案例】新上市的健康饮品

提问

为一款新上市的健康饮品制定产品活动运营方案,包括目标受众分析、线上线下活动设计、预算分配及效果评估,重点突出产品的健康特点和饮用场景。

文心一言

新上市健康饮品产品活动运营方案
一、目标受众分析
1. 主要受众群体
· 健康意识强的消费者:这类人群注重饮食健康,偏好无糖、低卡、有机等健康饮品。
· 健身爱好者:经常进行体育锻炼的人群,需要补充能量和水分,同时注重饮品的营养价值和口感。
· 办公室白领:长时间处于工作状态,需要提神醒脑、缓解疲劳的饮品,同时关注产品的便捷性和健康属性。
2. 受众需求分析
· 健康需求:消费者追求饮品中的天然成分,如维生素、矿物质等,以支持身体健康。
· 口感需求:追求饮品口感清爽、不甜腻,适合日常饮用。
· 场景需求:在健身、工作、休闲等不同的场景下,需要便捷、易携带的饮品。
……

【技巧总结】

该提示词案例聚焦于"新上市的健康饮品",明确了关键要素"目标受众分析、线上线下活动设计、预算分配和效果评估",这些要素能帮助文心一言制定系统性的运营方案,确保活动的有效性。

文心一言能够迅速分析市场趋势和目标受众,提供数据驱动的洞察,帮助用户制定更精准的营销策略,借助其创意生成能力,用户能获得多样化的活动形式,增强活动的吸引力,提高工作效率,减少时间成本。

7.5 生成产品运营对策

产品运营对策是为提高产品市场表现、用户满意度和盈利能力而制定的具体策略,通常涉及市场分析、用户反馈、产品改进、定价策略和推广活动等。

使用文心一言生成产品运营对策具有显著优势,它可以快速分析市场趋势和用户需求，提供数据驱动的建议，通过提出多种创意和改进方案，可以促进产品创新。另外，通过自动化生成详细的执行计划，可以提高用户的工作效率，节省时间和资源。

【应用案例】智能家居产品

提问

为一款智能家居产品制定产品运营对策，重点提升用户体验和市场份额。

文心一言

为一款智能家居产品制定产品运营对策，可以从以下几个方面入手。
一、品牌策略
1. 建立完善的品牌识别系统：设计具有科技感和未来感的品牌LOGO、产品外观等，提升消费者对智能家居产品的认同度和好感度。输出利于企业发展的品牌价值观，如便捷、安全、节能等，与当下时代潮流和用户需求相结合。
2. 加强媒介宣传：利用电视广告、互联网广告、社交媒体等多种渠道进行品牌推广，提升品牌知名度。参加行业展览会等活动，展示品牌实力和产品优势，进行商贸洽谈与合作。
二、产品策略
1. 多元化和差异化产品：根据不同用户群体的需求，开发多种类型的智能家居产品，满足个性化需求。强调产品的安全化、节能化和个性化服务，提升产品竞争力。
2. 提升产品兼容性：加强智能家居产品之间的兼容性，实现互联互通，提升用户体验。
……

【技巧总结】

制定产品运营对策需综合市场分析、用户反馈等多维度的信息。文心一言能高效地分析市场与用户数据，为智能家居产品提供精准的运营对策，如创意改进方案和执行计划，显著提升用户体验及市场份额。在这个提示词案例中，"智能家居产品"作为关键词，可以引导文心一言聚焦特定领域，发挥其在数据驱动建议方面的优势。

7.6 生成一份产品调研问卷

产品调研问卷是收集消费者对某一产品或服务反馈意见的重要工具，旨在深入了解用户需求、满意度及市场趋势。问卷通常包含选择题、开放式问题和评分项等多种格式，以确保收集到全面而详细的数据。

文心一言能够根据产品特点和目标受众快速设计相关问题，确保问卷的针对性和有效性。通过提供多样化的问题格式，文心一言能够帮助企业更全面地收集用户反馈，进而促进数据分析和决策过程。

【应用案例】在线学习平台

提问

为一款新推出的在线学习平台制作产品调研问卷，包括用户使用习惯、满意度评价、功能需求及改进建议，重点了解用户体验和满意度。

文心一言

新在线学习平台产品调研问卷

尊敬的用户，您好！

感谢您选择并体验我们的新在线学习平台。为了更好地了解您的使用习惯、满意度及功能需求，我们特开展本次调研。您的每一条反馈都是我们改进和提升服务的重要参考。本问卷预计耗时5～10分钟完成，所有信息将仅用于产品优化与服务提升，确保您的隐私安全。

一、基本信息

1. 您的年龄段： ○18岁以下　○19～25岁　○26～35岁　○36～45岁　○46岁以上
2. 您的职业背景： ○学生　　　○教育工作者　○企业职员　○自由职业者
其他，请说明：_____
3. 您平均每周使用在线学习平台的时长是：
○少于1小时　　○1～5小时　　○5～10小时　　○10小时以上
二、用户使用习惯
……

【技巧总结】

制作产品调研问卷需涵盖用户使用习惯、满意度、功能需求及改进建议。文心一言能依据产品的特点设计具有针对性的问题，提供多样化格式，确保问卷可以有效地收集数据。在"在线学习平台"案例中，文心一言能够助力企业深入了解用户体验和满意度，简化调研过程，把握市场动态，为决策提供有力支持。

7.7　设计用户参与活动

用户参与活动是指为了增加用户互动和提升品牌忠诚度而策划的各类活动，主要包括线上挑战、线下体验、问答环节或社区活动，旨在吸引用户参与并增强他们对品牌的认同感。文心一言提高了活动策划效率，能够根据品牌的特点和目标受众快速生成多样化的活动创意，确保活动内容的新颖性和吸引力。

【应用案例】智能手表

提问

为一款智能手表设计用户参与活动，包括线上挑战、使用心得分享和抽奖活动，旨在提升用户互动率、收集反馈和增强品牌忠诚度。

文心一言

活动名称：智在手腕，乐享生活——智能手表互动挑战赛
一、活动背景与目标
在快节奏的数字时代，智能手表已成为连接健康、便捷生活与科技的重要桥梁。为了进一步提升用户的参与感、收集宝贵的使用反馈，并加强用户对品牌的忠诚度，我们特推出"智在手腕，乐享生活"智能手表互动挑战赛。通过一系列线上挑战、心得分享及抽奖环节，激发用户的创造力与分享欲，共同探索智能手表的无限可能。
二、活动时间
1. 预热期：活动前一周，通过社交媒体、官方网站及App发布活动预告，吸引用户关注。
2. 正式期：持续一个月，确保用户有足够的时间参与各项活动。
3. 总结期：活动结束后一周内，公布获奖名单，发放奖品，并整理活动亮点与用户反馈进行宣传。
三、活动内容
……

【技巧总结】

在这个提示词案例中，针对"智能手表"这款产品，文心一言能够快速生成具有创意的活动内容，如线上挑战、心得分享及抽奖活动，确保活动新颖、有趣，有效增强用户参与感和提升品牌认同度，同时收集宝贵的反馈信息，助力品牌发展。

7.8　制作产品市场调研报告

产品市场调研报告是系统总结市场调研结果的文档，旨在分析消费者需求、竞争环境、市场趋势和产品定位等信息，主要包括数据分析、图表展示和策略建议，帮助企业制定有效的市场策略。文心一言可以快速整

理和分析大量数据，提取关键信息，并生成清晰、易懂的报告结构。

【应用案例】"护肤产品"

提问

撰写一份针对新推出的护肤产品的市场调研报告，包括目标消费者分析、竞争对手研究、市场趋势和用户反馈总结。

文心一言

护肤产品市场调研报告
一、目标消费者分析
1. 消费者群体
- 年龄分布：主要目标消费者为25~45岁的商务人士和白领阶层，这部分人群具有良好的经济基础和文化修养，对外在形象要求较高。
- 性别分布：女性消费者仍是主要群体，但男性消费者的比例在逐渐上升，特别是在关注自己仪容仪表和皮肤健康的年轻男性中。
- 消费习惯：消费者更倾向于选择具有科学依据和安全性高的产品，对国货品牌的信心逐渐增强。
2. 消费动机
- 护肤需求：消费者关注产品的真实功效，如美白、抗皱、抗衰等，特别是舒缓维稳、抗氧抗衰、美白提亮、控油祛痘等护肤诉求的人群占比均达到六成以上。
……

【技巧总结】

该提示词案例针对"新推出的护肤产品"，明确涵盖"目标消费者分析、竞争对手研究、市场趋势和用户反馈总结"，确保报告的全面性与实用性，这些要素帮助企业深入了解市场环境，识别潜在机会和挑战。目标消费者分析使品牌能够精准定位，竞争对手研究则有助于市场调研人员发现市场差异化策略，市场趋势的研究为品牌调整产品和创新提供了数据支持，用户反馈总结则直接反映了消费者的需求和满意度。

从整体来看，这个提示词提供了一个系统化的框架，使产品市场调研报告更加高效和有效，帮助企业做出明智的决策。

第8章 场景4：成为市场营销的行家

在市场营销的广阔舞台上，文心一言不仅是人们的得力助手，更是从新手迈向高手的桥梁，从撰写详尽的市场营销计划，到创意无限的营销活动标语，再到吸引眼球的产品软文，文心一言都是人们不可或缺的助手。本章将深入探索文心一言如何助力人们成为市场营销的行家，让每一次营销活动都精准有力，直击人心。

8.1　撰写市场营销计划

市场营销计划是企业为推广其产品或服务而制定的系统性战略，旨在明确目标、识别市场机会、规划营销活动和评估绩效。文心一言能够快速分析市场趋势，帮助识别目标受众和潜在机会。此外，它能提供多种营销策略建议，促进创新和多样性。通过自动生成详细的预算和执行计划，文心一言提高了策划效率，减少了时间成本。

步骤 01　在左侧的导航栏中单击"百宝箱"按钮，弹出"一言百宝箱"窗口，❶切换至"职业"选项卡；❷单击"市场营销"标签，其中显示了与市场营销相关的指令模板；❸单击"市场营销计划"下方的"使用"按钮，如图8-1所示。

图 8-1　单击"市场营销计划"下方的"使用"按钮

步骤 02　执行操作后，返回文心一言页面，在下方的文本框中显示了与市场营销计划相关的指令模板，用户可以根据需要适当修改指令内容，单击发送按钮，文心一言即可根据要求生成所需的内容，相关指令和回复内容如下。

【应用案例】手工月饼

💬 提问

请作为一名市场营销专家，制订一份[手工月饼]中秋节市场营销计划，包括合理的营销时间线和效果评估标准。

文心一言

手工月饼中秋节市场营销计划
一、市场分析
1.目标市场：中高端消费者，注重传统文化体验与食品品质的家庭及个人。
2.竞争分析：分析市场上主要竞争对手的产品特点、价格策略、营销渠道等，特别是那些同样主打手工、健康、文化特色的月饼品牌。
3.消费者需求：追求独特口味、精美包装、文化内涵及个性化定制的需求日益增长。
二、营销目标
1.品牌提升：提高品牌知名度与美誉度，树立手工月饼高端、健康的品牌形象。
2.销量增长：实现中秋节期间销售额同比增长20%。
3.客户黏性：通过优质服务与后续营销，提高回头客比例至30%以上。
三、营销时间线
……

【技巧总结】

以生成"手工月饼"的市场营销计划为例，企业应规划合理的时间线，如提前数月进行市场调研，以了解消费者的需求和竞争对手的情况，节前一月启动宣传活动以抓住市场机会。在此过程中，文心一言通过提供自动化营销内容生成、活动效果监测等功能，确保营销活动高效、有序进行，助力企业实现精准营销和市场突破。

8.2 生成营销活动标语

营销活动标语是用于宣传和推广某一产品、服务或品牌的简短而有力的口号，旨在引起目标受众的注意并传达核心信息。一个有效的标语能够激发情感、强化品牌认知，并鼓励消费者采取行动。文心一言能够迅速提供多种风格和主题的活动标语建议，帮助品牌探索不同的表达方式。

【应用案例】有机食品

提问

为一场促销活动设计营销活动标语，突出新推出的有机食品健康和美味的特点，吸引目标消费者关注并激励购买。

文心一言

"绿享健康，味启新章——尝鲜有机，美味健康不打烊！"
这句标语旨在通过以下几个关键点吸引目标消费者的注意并激发其购买欲望：

1. 绿享健康：强调有机食品的"绿色"属性，即自然、无污染，传达出选择这些食品即选择健康生活的理念。
2. 味启新章：用"新章"寓意新开始，暗示消费者尝试有机食品将开启一段美味与健康并重的新生活篇章。
3. 尝鲜有机：直接呼吁消费者尝试新产品，同时"有机"二字突出了产品的核心卖点。
4. 美味健康不打烊：强调有机食品不仅健康，而且美味，且这种享受是持续不断的，鼓励持续购买和消费。
这样的标语既突出了有机食品健康与美味的特性，又富有吸引力和正能量，能够有效吸引关注健康饮食的消费者群体。

【技巧总结】

针对"有机食品"这一主题，通过使用提示词如"健康""美味""目标消费者"等，文心一言能够迅速提供多种风格的标语，突出有机食品的健康、美味、自然和无污染等特点，精准捕捉品牌的精髓，设计出既吸引眼球又触动心灵的标语。这些标语不仅能够有效提升促销效果，还能激发消费者的购买欲望，促进销售量的增长。

8.3　生成产品营销软文

产品营销软文是一种以宣传和推广特定产品或服务为目的的内容，通常采用故事性、情感化的写作风格，以引起读者的共鸣和兴趣，通过提供有价值的信息、解决消费者的痛点，进而吸引他们的注意，促进其做出购买决策。

使用文心一言生成产品营销软文可以提高创作效率，迅速产出多样化的文案。同时，文心一言能够结合市场趋势和用户需求，生成具有吸引力的内容，节省市场营销人员的时间并降低人力成本，帮助市场营销人员更好地推广产品。

【应用案例】"新款运动耳机"

提问

撰写一篇关于新款运动耳机的产品营销软文，突出其音质、舒适性和防水特性，结合运动爱好者的真实使用体验，吸引目标消费者关注，限600字。

文心一言

燃爆运动，音乐随行——全新运动耳机，让每一步都跃动音符
在每一次挥汗如雨的奔跑中，在每一次心跳加速的跳跃间，你是否渴望有一款耳机，能

与你并肩作战,不仅传递出震撼心灵的音质,还能在汗水与雨水的洗礼下,依然坚韧如初?今天,我们为你带来了一款专为运动而生的新款运动耳机,它将以卓越的音质、极致的舒适性和无畏的防水特性,成为你运动旅程中的最佳伙伴。

1. 音质卓越,让音乐直击心灵

想象一下,在清晨的公园,你戴上这款耳机,随着第一缕阳光,一首Runaway Baby的旋律响起,那清晰的高音、饱满的中音和深沉的低音,仿佛将你带入了一个只属于你的音乐世界。每一次跑步,都仿佛一场与音乐的盛宴,让你在旋律中找到力量,让运动更加充满激情。

2. 舒适至极,让运动无拘无束

我们深知,一款好的运动耳机,不仅要音质出色,更要舒适无比。这款耳机采用了人体工学设计,轻盈的材质和柔软的耳翼,即使在剧烈运动中,也能紧密贴合耳朵,不会掉落,更不会带来任何不适感。让你在每一次挥汗如雨时,都能感受到前所未有的自由与畅快。

……

【技巧总结】

针对"新款运动耳机",文心一言能够迅速生成多样化的营销软文,通过结合"音质""舒适性""防水特性"等提示词,文心一言能够精准捕捉产品的优势,并在文案中融入运动爱好者的真实体验,从而精准地定位目标受众。这些软文不仅具有高度的吸引力,而且能够激发消费者的购买欲望,助力产品的高效推广。

8.4 设计产品发布会活动方案

产品发布会活动方案是为新产品上市而设计的详细计划,包括活动目标、时间地点、宣传策略、嘉宾邀请、议程安排及预算等,旨在吸引媒体和潜在客户的关注,提升产品知名度,促进销售。

使用文心一言生成产品发布会活动方案可以快速构建全面的计划框架,节省人们策划的时间。同时,文心一言能根据不同的市场和目标受众提供创意建议,确保方案的多样性和创新性,从而提高活动的成功率和影响力。

【应用案例】新款健身器材

提问

策划一场新款健身器材的产品发布会,包括活动目标、场景选择、嘉宾邀请和宣传计划,突出产品的创新功能,吸引媒体与消费者的关注。

> **文心一言**
>
> 新款健身器材产品发布会策划案
> 一、活动目标
> 1. 产品展示：全面展示新款健身器材的创新功能与设计，突出其在健身效果、用户体验及智能化方面的优势。
> 2. 品牌提升：通过发布会，提升品牌知名度与美誉度，树立行业领先地位。
> 3. 市场渗透：吸引目标消费者与潜在合作伙伴，促进产品上市后销量与市场占有率的提升。
> 4. 媒体曝光：借助发布会，获得广泛的媒体关注，为产品上市造势。
> 二、场景选择
> 1. 地点：选择城市中心的高端会展中心或具有现代科技感的体育场馆，确保场地足够宽敞，能容纳媒体、嘉宾与消费者代表。
> 2. 布置：采用现代简约风格，结合LED大屏幕、灯光效果与健身器材实物展示，营造科技与运动融合的氛围。
> ……

【技巧总结】

设计产品发布会活动方案需全面规划，文心一言可快速构建框架。针对"新款健身器材"，通过"活动目标""场景选择""嘉宾邀请""宣传计划"等提示词，文心一言能够精准地定位活动核心，突出产品创新功能，吸引目标受众，确保方案的创新性和吸引力，提升发布会的成功率。

8.5　撰写营销活动的邮件

营销活动邮件是一种通过电子邮件向潜在客户或现有客户推广产品或服务的方式，主要包括产品信息、促销活动、优惠券、活动邀请等内容，旨在吸引客户的注意并促使他们采取行动。使用文心一言可以快速创建专业且吸引人的营销活动邮件内容，从而提高邮件的打开率和点击率，节省营销人员的时间和精力。

【应用案例】五一商场促销活动

提问

撰写一封针对即将到来的"五一"商场促销活动的营销邮件，强调折扣信息和限时优惠，吸引客户参与并增加购买动机，限500字。

> **文心一言**
>
> 主题：【五一特惠，限时疯抢】——××商场购物狂欢节！
>
> 亲爱的顾客：
>
> 五一假期将至，××商场为您精心准备了一场购物盛宴！4月30日至5月4日，全场商品低至5折起，更有会员专享福利和限时秒杀，让您享受前所未有的购物狂欢！
>
> 【全场折扣，不容错过】
>
> 精选商品低至5折，从时尚服饰、家居用品到电子产品，数千种商品全部参与折扣活动，让您以最实惠的价格，购得心仪已久的好物。
>
> 【会员专享，尊享更多】
>
> 会员购物不仅享受商品折扣，还能叠加使用积分兑换精美礼品或额外的折扣券。更有机会参与"满额抽奖"，赢取万元大奖，让您的购物之旅更加精彩。
>
> ……

【技巧总结】

在撰写营销活动邮件时，需要精简有力，直击要点。在这个提示词案例中，"五一商场促销活动"为文案提供了明确的主题与背景，有助于文心一言聚焦核心内容，即折扣信息与限时优惠。这些提示词能引导文心一言生成具有针对性的文案，强化顾客的购买动机，确保邮件既专业又吸引人，轻松实现企业的营销目标。

8.6　生成 4P 营销分析方案

4P营销分析方案是以产品（Product）、价格（Price）、渠道（Place）、促销（Promotion）4个要素为基础的市场营销策略框架。通过分析这4个要素，企业能够制定有效的市场进入和推广策略，以满足目标客户的需求。在生成4P营销分析方案时，文心一言可以快速构建全面的分析模型，节省时间并提高效率，还能够结合市场数据和行业趋势，提供具有针对性的建议，帮助企业优化各个要素的组合。

扫码看教学视频

【应用案例】新款咖啡机

提问

制订一份针对新款咖啡机的4P营销分析方案，涵盖产品特点、定价策略、销售渠道和促销活动，确保市场定位准确有效。

文心一言

新款咖啡机4P营销分析方案

一、产品特点（Product）

1. 高端定位与创新设计

·特点描述：新款咖啡机定位为高端市场，采用先进技术和创新设计，提供多种口味选择，包括冷萃咖啡、特色拿铁、特色手冲咖啡等。咖啡机内置PID独立温控系统，支持85℃~95℃无级调温，萃取压力最高能达到20Bar，保证每一杯咖啡的品质。

·目标用户：追求高品质咖啡体验的家庭用户、小型咖啡馆及办公场所。

2. 个性化与定制化服务

·特点描述：提供定制化服务，如定制咖啡机外观、专业咖啡制作课程等，满足不同用户的个性化需求。

·用户优势：增加用户黏性，提升品牌忠诚度。

二、定价策略（Price）

……

【技巧总结】

在这个提示词案例中，针对"新款咖啡机"的4P营销分析，提示词明确了分析对象与框架。文心一言能据此快速构建分析模型，精准覆盖产品特点、定价策略、销售渠道及促销活动。这些提示词能引导文心一言生成针对性强的策略建议，确保市场定位精准有效，提升营销效率与效果，助力企业优化营销策略组合。

8.7 制定社交媒体营销策略

社交媒体营销策略是通过社交平台（如Facebook、Instagram、Twitter等）推广品牌、产品或服务的计划，旨在提高品牌曝光率、增强客户关系并促进销售。

文心一言能够分析最新的社交媒体趋势和用户行为，提供数据驱动的建议，帮助营销人员制定有效的社交媒体营销策略。

【应用案例】新款运动鞋

提问

制定一份针对新款运动鞋的社交媒体营销策略，主要提升品牌曝光率和用户参与度。

> **文心一言**
>
> 新款运动鞋社交媒体营销策略
> 一、目标设定
> 1.品牌曝光率提升：通过社交媒体平台，增加新款运动鞋的曝光次数，提高品牌知名度。
> 2.用户参与度提升：鼓励用户与品牌进行互动，提高用户黏性，增加用户参与度。
> 二、内容策略
> 1.创意视觉内容
> ·高质量图片与视频：展示新款运动鞋的设计细节、穿着效果及运动场景，使用高清、富有创意的视觉元素吸引用户。
> ·动态内容：利用短视频、GIF等动态内容形式，展示运动鞋的穿着体验，增加内容的趣味性和互动性。
> 2.生活方式与故事营销
> ……

【技巧总结】

在这个提示词案例中，针对"新款运动鞋"的社交媒体营销策略，提示词中明确了营销的目标。通过"提升品牌曝光率和用户参与度"这些提示词，能够引导文心一言生成聚焦品牌曝光与用户参与的营销方案，确保策略针对性强，有效提升营销效果，助力新款运动鞋的推广。

8.8 分析市场反馈与调整策略

分析市场反馈与调整策略是指通过收集和评估消费者的意见、购买行为及市场趋势，识别产品或营销活动的优缺点，这一过程能够帮助企业及时优化其产品和营销策略，以便更好地满足客户需求和市场变化。

文心一言在分析市场反馈与调整策略时，可以快速处理大量数据和评论，提取关键信息，从而识别潜在的问题和机会。根据这些潜在的问题，文心一言能够提供具有针对性的建议，帮助企业制定调整策略，提升市场的响应能力。

【应用案例】新款智能手机

提问

在推出新款智能手机后，某品牌通过社交媒体和在线调查收集了消费者的反馈。消费者普遍反映，手机的电池续航不足及界面不够友好。请根据用户的反馈信息，识别产品改进点，并制定相应的市场调整策略，以提升用户的满意度和销售业绩。

文心一言

> 一、产品改进点
> 1. 电池续航提升
> ・硬件升级：采用更大容量的电池，或者开发更高效的电池管理系统。
> ・软件优化：优化操作系统和应用程序的能耗管理，减少后台应用的电量消耗，提供智能省电模式。
> 2. 界面友好性增强
> ・用户体验设计：重新设计用户界面（UI），使其更加直观、简洁且易于导航。
> ・交互优化：提升用户交互体验（UX），确保所有功能都能快速、流畅地访问，增加用户自定义选项。
> ・无障碍设计：考虑不同用户群体的需求，包括视觉、听觉障碍者，确保界面对所有用户都友好。
> 二、市场调整策略
> ……

【技巧总结】

在分析市场反馈与调整策略时，针对"新款智能手机"这个案例，提示词中明确了"消费者的反馈"意见，文心一言能快速处理反馈数据，识别出电池续航、界面友好性等关键问题，并提供了具有针对性的改进建议与市场策略调整方案，助力企业优化产品，提升用户的满意度与销售业绩，提高市场竞争力。

第 9 章　场景 5：成为企业管理的高手

在现代企业管理中，文心一言作为高效的AI办公助手，能够帮助管理者更好地分析和应对复杂的商业挑战。本章将深入探讨如何利用文心一言完成现金流分析、生成财务报告、制定企业战略及撰写企业文化建设方案等关键任务，确保企业在激烈的市场竞争中稳步前行。

9.1 生成现金流分析思路

现金流分析思路是指对企业现金流动情况进行系统性思考和评估的方法论，旨在为企业的财务决策提供依据，确保企业的财务健康和可持续发展。使用文心一言可以快速制定有效的现金流分析思路和大纲，使管理层能够更有效地制定财务策略。

【应用案例】现金流分析

步骤01 打开"一言百宝箱"窗口，❶切换至"职业"选项卡；❷单击"企业管理者"标签，其中显示了与企业管理者相关的指令模板；❸单击"现金流分析"下方的"使用"按钮，如图9-1所示。

图9-1 单击"现金流分析"下方的"使用"按钮

步骤02 返回文心一言页面，在下方的文本框中显示了相关的指令模板，单击发送按钮，文心一言即可根据要求生成所需的内容，相关指令和回复内容如下。

💬 提问

现在你是一位优秀的财务经理，你需要分析本企业的财务质量，你正在分析企业的[现金流量质量]，请你写出自己的思路和大纲。

文心一言

分析企业的现金流量质量是评估其财务状况健康程度的关键环节之一，它直接关系到企业的偿债能力、运营效率和未来的发展潜力。作为一位优秀的财务经理，我会从以下几个维度来深入分析企业的现金流量质量，并制定相应的大纲。

一、现金流量质量分析大纲

1. 现金流量结构分析

· 经营活动现金流量：分析企业日常运营产生的现金流入与流出，包括销售收入、成本控制等，评估其核心业务的盈利能力和现金流自给自足的能力。

· 投资活动现金流量：考察企业在长期资产（如固定资产、无形资产、股权投资等）上的投入及回收情况，评估其投资策略的合理性和回报预期。
……

【技巧总结】

制定现金流分析思路和大纲时，需要系统性地思考企业的现金流动情况。在"现金流分析"这个案例中，通过"财务经理""财务质量""现金流量质量"等细化提示词，有助于文心一言生成更贴合实际、专业且具有针对性的文案，确保分析内容全面、深入，为企业的财务决策提供有力的支持。

9.2 生成财务分析报告

财务分析报告是对企业财务状况、运营效率和盈利能力的系统评估文档，旨在为管理层和投资者提供决策支持。使用文心一言可以快速生成全面、结构化的财务分析报告，能够针对不同的企业和行业定制报告内容，帮助决策者更有效地了解财务表现。

【应用案例】新能源汽车初创公司

提问

你是一名专业的财务经理，擅长评估和管理公司面临的各种财务风险，如汇率风险、利率风险等，并为公司的投资决策提供财务风险分析支持。现在你的领导希望你分析一下投资一家新能源汽车初创公司的财务风险，请你写一份报告。

文心一言

新能源汽车初创公司投资风险分析报告

一、引言

随着全球人们环境保护意识的增强和能源结构的转型，新能源汽车产业正迎来前所未有的发展机遇。然而，投资新能源汽车初创公司也伴随着一系列独特的财务风险。本报告旨在全面评估投资该类企业的潜在财务风险，并提出相应的风险管理建议，为公司的投资决策提供财务依据。

二、行业背景与市场风险

1. 市场竞争加剧：新能源汽车市场竞争日益激烈，不仅有传统汽车制造商转型加入，还有众多新兴企业涌入，可能导致市场份额争夺激烈，影响盈利预期。

2. 技术迭代风险：新能源汽车技术快速迭代，包括电池技术、驱动系统等，若投资对象未能跟上技术发展的趋势，将面临产品过时和市场份额下降的风险。

……

【技巧总结】

在生成财务分析报告时，需要明确报告的目的、对象及关键分析点。在该提示词案例中，"投资决策"和"财务风险"明确了报告的重点，有助于文心一言生成具有针对性的分析内容。同时，"新能源汽车初创公司"作为行业背景，有助于定制化报告内容，提高报告的实用性和决策参考价值。

9.3 财务尽职调研策略

财务尽职调研策略是对企业财务状况进行全面审查的方法，旨在评估目标公司的财务健康和潜在风险。使用文心一言可以快速生成系统化的财务尽职调研策略，帮助用户识别关键审查领域和指标，使调研团队更专注于数据分析和决策制定，提高尽职调查的全面性和准确性。

【应用案例】收购其他小公司

提问

你是公司的财务总监，如果公司想要收购其他小公司，财务报告中应该着重注意哪几方面？

文心一言

作为公司的财务总监，在公司计划收购其他小公司的过程中，财务报告中应着重关注以下几个方面。

一、目标公司的财务状况

1. 注册资本与资产情况：首先要了解目标公司的注册资本及实际资产状况，包括流动资产、固定资产、无形资产等。需要详细核查这些资产的真实性和价值，特别要注意不良资产方面，如固定资产的可折旧度、无形资产的摊销额，以及将要报废和不可回收的资产等情况。同时，还需关注是否有负债、股权质押等问题。

2. 债权债务情况：详细核查目标公司的债权债务，包括短期债务、长期债务、可抵销债务等，以评估公司的偿债能力和潜在风险。此外，还要对有担保的资产和没有担保的资产分别进行考察，因为有担保限制的资产会对公司的偿债能力产生影响。

……

【技巧总结】

财务尽职调研策略的核心在于全面审查目标公司的财务状况。应用案例中的提示词"收购其他小公司"明确了调研目的，有助于文心一言生成具有针对性的调研策略，引导文心一言在生成的文案中关注财务报告中的关键领域和潜在风险，确保调研团队聚焦重点，提高尽职调查的全面性和准确性，为决策提供有力的支持。

9.4 制定有效的企业战略

企业战略是指导组织长期发展和竞争的总体规划，有效的企业战略能够帮助企业应对市场变化，实现可持续增长。使用文心一言可以快速构建全面的企业战略框架，能够根据企业的具体需求和目标，量身定制战略方案，提升决策的效率和准确性。

【应用案例】电动汽车公司

提问

为一家电动汽车公司制定企业战略，重点分析市场需求、创新技术研发、拓展销售渠道、加强品牌宣传，以实现市场份额的持续增长。

文心一言

为一家电动汽车公司制定企业战略，以实现市场份额的持续增长，需要从市场需求分析、创新技术研发、拓展销售渠道等多个维度进行深入规划。以下是一个综合性的战略框架。

一、市场需求分析

1. 目标市场细分：根据地理位置、消费者收入水平、政策导向等因素，将市场细分为不同的市场，如城市通勤市场、长途旅行市场、高端豪华市场等。

2. 消费者偏好研究：通过市场调研了解消费者对电动汽车的续航、充电便利性、安全性、智能化配置等方面的偏好，以及对环保、节能等社会价值的认同程度。

3. 政策环境分析：关注各国和地区的电动汽车补贴政策、排放标准、充电基础设施建设规划等，把握政策导向带来的市场机遇。

二、创新技术研发

1. 电池技术创新：加大研发投入，提升电池能量密度，缩短充电时间，延长续航里程，同时降低成本，提高电池的安全性和循环寿命。

……

【技巧总结】

在这个提示词案例中，"分析市场需求""创新技术研发""拓展销售渠道""加强品牌宣传"等提示词为文心一言的文案生成提供了明确的方向，有助于快速构建贴合电动汽车公司需求的企业战略框架。这些提示词确保了战略方案的市场导向性和创新性，提升了决策的针对性和有效性，助力企业实现市场份额的持续增长。

9.5 建立高效的团队管理模式

建立高效的团队管理模式是指通过优化团队结构、明确角色分工、制定沟通机制和激励措施，提升团队的协作效率和工作效果，从而实现组织的目标。使用文心一言可以快速生成针对团队管理的最佳实践和策略，帮助企业识别和解决团队协作中的问题，提出适合的改进建议，提高管理效率和团队士气。

【应用案例】科技公司

提问

为一家科技公司建立高效的团队管理模式，优化团队结构，提高工作效率。

文心一言

为一家科技公司建立高效的团队管理模式并优化团队结构，可以从以下几个方面入手。

一、明确团队愿景与目标

1. 设定清晰的目标：确保每个团队和团队成员都明确了解公司的长期愿景，以及短期、中期的具体目标。

2. 遵循SMART原则：目标应具体（Specific）、可测量（Measurable）、可达成（Achievable）、相关性（Relevant）和时限性（Time-bound）。

二、优化团队结构

1. 明确角色：根据业务需求，明确每个团队成员的职责和角色，避免职能重叠和责任不清。

2. 扁平化管理：减少管理层级，促进信息流通，加快决策制定速度。

3. 跨部门协作：建立跨部门协作机制，如项目小组，以应对复杂的项目，促进知识共享。

三、采用高效沟通与协作工具

……

【技巧总结】

在这个提示词案例中，"科技公司"为文心一言生成文案提供了具体背景，帮助文心一言聚焦科技公司团队管理的问题与需求。而"优化团队结构""提高工作效率"这些提示词能够指导文心一言快速生成针对性强、实用性高的管理策略和最佳实践方案，有效提升团队协作效率与整体士气，推动组织目标实现。

9.6　撰写企业文化建设方案

企业文化建设方案是指通过制定和实施一系列策略与活动，来塑造和强化企业内部文化，提升员工认同感和凝聚力，从而推动企业的长期发展。

使用文心一言生成企业文化建设方案，可以快速获得多样化的思路和建议，节省了用户的时间和精力。它能够分析企业特性，提出符合实际的文化理念、价值观和行为准则，帮助企业在制定和实施方案时更具针对性，从而促进文化的有效落地。

【应用案例】餐饮管理公司

提问

为一家餐饮管理公司制定企业文化建设方案，重点在于创新，提升团队协作能力和员工幸福感，考虑如何通过活动和培训强化这些价值观。

文心一言

为一家餐饮管理公司制定一个以创新、团队协作和员工幸福感为核心的企业文化建设方案，可以通过一系列精心设计的活动和培训来实现。以下是一个综合性的方案，旨在深化这些价值观并促进企业的持续发展。

一、企业文化理念的确立

1. 明确核心价值观：首先，明确将"创新、团队协作、员工幸福感"作为公司的核心价值观，并在公司内部广泛宣传，确保每位员工都能理解和认同这些价值观。

2. 制定文化手册：编制一本企业文化手册，详细阐述这些价值观的内涵、实践案例及期望的员工行为准则，作为新员工入职培训和日常学习的材料。

二、创新文化培养

1. 创意工作坊：定期举办创意工作坊，邀请行业内外的专家分享最新的餐饮发展趋势、设计理念和技术应用，鼓励员工提出创新菜品、服务流程或营销策略的创意。

……

【技巧总结】

在这个提示词案例中，"创新"这一提示词促使文心一言生成关于如何在企业文化中融入创新精神的建议；"团队协作"这一提示词促使文心一言生成强化团队协作的策略，以提升员工之间的合作效率；"员工幸福感"这一提示词强调了员工在企业中的重要性，促使文心一言生成关注员工福利、工作环境和心理健康的方案。

9.7 领导力发展与员工激励

领导力发展与员工激励是提升组织绩效的重要策略。领导力发展旨在培养有效的领导者，使其具备领导团队和推动变革的能力；而员工激励则通过各种手段增强员工的工作动力，提升其满意度、积极性和创造力。使用文心一言生成领导力发展与员工激励方案，可以帮助企业快速获取个性化和创新的建议。

【应用案例】中型制造企业

提问

为一家中型制造企业制定领导力发展与员工激励方案，重点关注提升中层管理者的领导能力和通过绩效奖励提升一线员工的积极性。

文心一言

中型制造企业领导力发展与员工激励方案

一、引言

为了促进企业的持续发展和竞争力提升，制定一套有效的领导力发展与员工激励方案至关重要。本方案旨在提升中层管理者的领导能力，并通过绩效奖励机制激发一线员工的工作积极性，从而构建一个高效、和谐的工作环境。

二、中层管理者领导力提升方案

1. 领导力培训与发展计划

- 定期培训：每季度组织一次中层管理者领导力培训，涵盖团队管理、决策制定、沟通技巧、变革管理等方面。
- 外部专家讲座：邀请行业内外的知名领导力专家举办讲座，分享管理理念和实战经验。
- 实战演练：通过模拟管理场景、角色扮演等方式，提升中层管理者在工作中的应变能力。

……

【技巧总结】

在这个提示词案例中，"中层管理者的领导能力"和"一线员工的积极性"明确了文案生成的重点方向，有助于文心一言生成针对性强、层次分明的方案，确保方案贴合企业实际需求，提升方案的实用性和有效性。

9.8 给出公司运营降本建议

为公司提供运营降本建议可以通过优化资源配置、提高效率和减少不必要的支出,帮助企业降低运营成本,实现企业的可持续发展。文心一言能够根据企业的情况提供有针对性的运营降本建议,帮助企业实现可持续发展和财务稳健。

【应用案例】大型零售公司

提问

为一家大型零售公司提供公司运营降本建议,侧重于优化库存管理和降低物流成本。

文心一言

为一家大型零售公司提供运营降本建议,特别是在优化库存管理和降低物流成本方面,可以参考以下策略。

一、优化库存管理

1. 定期盘点:确保库存数据的准确性,及时发现并解决存货异常和遗失问题。

2. 数据分析:利用数据分析工具,对库存周转率、销售预测等关键指标进行监控和分析,以便做出更精准的库存决策。

3. 分类管理:采用ABC分类法,对库存进行精细化管理。A类货物为重点货物,需要精细管理;B类货物为次要货物,进行一般管理;C类货物为普通货物,进行粗放管理。

4. 优化库存结构:根据商品的销售情况和市场需求,优化库存结构,确保畅销商品的充足供应,减少滞销商品的库存积压。

……

【技巧总结】

针对"大型零售公司"的运营降本建议,提示词"优化库存管理"与"降低物流成本"为文心一言的文案生成提供了明确方向,这些提示词引导文案聚焦于零售企业的核心运营成本,有助于企业实现资源高效配置和成本节约,从而推动企业的可持续发展。

第 10 章 场景 6：成为数据分析的精英

在当今数据驱动的商业环境中，文心一言为企业提供了强大的数据分析支持，帮助人们从海量数据中提炼出有价值的信息。本章将详细介绍如何利用文心一言搜索产品市场数据、设计数据可视化图表、创建用户画像、分析用户行为数据等，帮助企业在决策时提供坚实的依据。

10.1 搜索产品市场数据

搜索产品市场数据是指收集和分析与特定产品相关的市场信息，包括消费者需求、竞争对手动态、市场趋势和销售数据等。使用文心一言不仅可以提高数据收集的效率，还能帮助企业及时把握市场机会，做出更明智的决策，从而增强竞争优势。

步骤01 打开"一言百宝箱"窗口，❶切换至"场景"选项卡；❷单击"数据分析"标签，其中显示了与数据分析相关的指令模板；❸单击"数据搜集"下方的"使用"按钮，如图10-1所示。

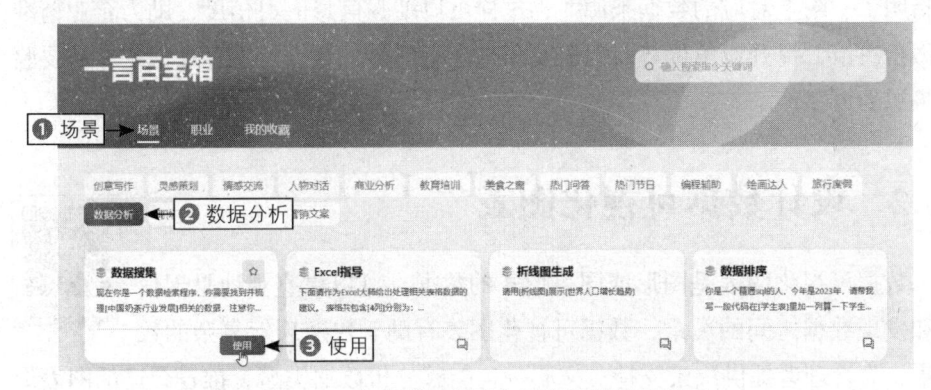

图10-1 单击"数据搜集"下方的"使用"按钮

步骤02 返回文心一言页面，在下方的文本框中显示了相关的指令模板，单击发送按钮，文心一言即可根据要求生成所需的内容，相关指令和回复内容如下。

【应用案例】中国奶茶行业发展

提问

现在你是一个数据检索程序，你需要找到并梳理[中国奶茶行业发展]相关的数据，注意你需要附上对应的数据来源。此外，请注意你需要在输出结果中标明部分生成的数据可能存在的偏差。

文心一言

以下是中国奶茶行业发展的相关数据及其来源分析。

一、市场规模

1. 总体规模

• 2024年市场规模：艾媒咨询数据显示，2024年中国新式茶饮（含奶茶）市场规模将达到3547.2亿元，同比增长6.4%。同时，2024年中国奶茶市场规模将超过1000亿元。
· 未来预测：中研普华产业院的研究报告预测，到2025年，中国奶茶市场规模将逼近2500亿元。艾媒咨询则预计，到2028年，中国新式茶饮市场规模有望突破4000亿元。
2. 细分市场规模
· 现制奶茶：2020年市场规模为1136亿元，预计2022年将达到1806亿元。
……

【技巧总结】

在搜索产品市场数据时，提示词中明确了具体产品（如"中国奶茶行业发展"），可以帮助文心一言聚焦搜索范围，确保生成的文案紧扣主题。提示词中还指明了"附上对应的数据来源"，这样可以增强信息的可信度，助力企业精准地做出决策，提升竞争优势。但需要用户注意的是，数据可能存在偏差，需要验证来源的可靠性。

10.2 设计数据可视化图表

数据可视化图表是图形或图表形式的数据，可以更直观地呈现信息和发现数据之间的关系，数据可视化图表有助于快速理解复杂的数据集，为管理者提供决策支持。文心一言能够分析数据类型，推荐合适的图表形式，如柱状图、折线图或饼图，并提供创建图表的步骤和工具，这不仅提高了可视化的质量和有效性，还节省了时间。

【应用案例】电商公司

提问

为一家电商公司生成销售数据可视化图表，重点展示各产品线的季度销售趋势和用户购买行为，以便于制定营销策略。

文心一言

在为一家电商公司生成销售数据可视化图表时，我们需要确保图表能够清晰地展示各产品线的季度销售趋势，以及用户的购买行为。以下是一个详细的方案，包括推荐的图表类型和关键要点。

一、各产品线季度销售趋势图
1. 图表类型：堆叠柱状图或面积图
2. 数据展示：
· X轴：季度（Q1, Q2, Q3, Q4）

- Y轴：销售额（可以是绝对值，也可以是同比增长率）
- 堆叠/面积：每个产品线用不同的颜色或阴影表示，堆叠在一起可以展示总销售额，同时又能看出各产品线的贡献。

……

【技巧总结】

在设计数据可视化图表时，文心一言通过分析"电商公司"的特定需求，如"各产品线的季度销售趋势"和"用户购买行为"，精准地推荐图表形式与展示重点。这些提示词明确了文案生成的方向与焦点，有助于文心一言生成高度定制化、信息丰富的图表方案，为营销策略的制定提供有力的支持，确保可视化图表的有效性与实用性。

10.3　创建用户画像与细分

创建用户画像与细分是指通过分析用户的行为、兴趣等信息，构建详细的用户档案，以便于人们了解目标受众。文心一言能够根据已有的数据和分析市场趋势，帮助用户或企业识别用户的关键特征，并生成具体的用户画像，生成个性化的分析和建议，使企业能够更精准地定位客户需求，提升客户体验和满意度。

【应用案例】在线教育平台

提问

为一家在线教育平台创建用户画像与细分，重点分析不同年龄段用户的学习需求和偏好，以便优化课程内容和推广策略。

文心一言

为一家在线教育平台创建用户画像与细分，特别是在分析不同年龄段用户的学习需求和偏好时，需要综合考虑多个维度，包括学习目标、学习习惯、技术接受度、时间分配等。以下是一个基于不同年龄段用户的在线教育平台用户画像与细分示例。

一、儿童（4~12岁）

1. 用户画像

- 学习目标：基础学科知识、兴趣培养（如音乐、艺术）、语言启蒙（如英语）。
- 学习习惯：依赖家长监督，喜欢游戏化学习，注重互动性和趣味性。
- 技术接受度：对动画、视频内容高度感兴趣，但对长时间在线学习可能缺乏耐心。

……

【技巧总结】

在这个提示词案例中,"在线教育平台"强调了"分析不同年龄段用户的学习需求和偏好",这些提示词为文心一言提供了清晰的目标群体。具体提示词如"学习需求"和"推广策略"可以帮助文心一言生成具有针对性的文案,通过深入了解用户特征,能够优化课程的内容,并制定有效的市场推广策略。

10.4 分析用户行为数据

分析用户行为数据即通过收集和解读用户在产品或服务上的互动数据,以了解他们的偏好、习惯和需求,有助于企业识别用户的痛点,优化用户体验,并提高产品的市场适应性。文心一言能够帮助企业识别用户的关键行为指标,揭示潜在的用户趋势,并提供具有针对性的优化建议,从而提升客户的满意度和忠诚度。

【应用案例】社交媒体应用

提问

为一家社交媒体应用分析用户行为数据,重点关注用户的互动频率和使用时长,以便优化推荐算法和提高用户参与度。

文心一言

为一家社交媒体应用分析用户行为数据,特别是用户的互动频率和使用时长,是优化推荐算法和提高用户参与度的关键步骤。以下是一个详细的分析框架和优化建议。

一、数据收集与预处理

1. 数据收集

·收集用户的基本信息,如年龄、性别、地域等。

·收集用户的互动数据,如点赞、评论、分享、关注、取消关注等行为出现的频率和时间。

·收集用户的使用时长数据,包括每日、每周、每月的活跃时长。

2. 数据预处理

·对收集到的数据进行清洗,去除重复、缺失或错误的数据。

·对数据进行标准化处理,以便进行后续的分析和建模。

……

【技巧总结】

在这个提示词案例中,"社交媒体应用"强调关注"互动频率"和"使用时长",这为文心一言提供了具体的分析方向。通过识别这些关键行为指标,文心一言能够生成具有针对性的文案,优化推荐算法,提升用户参与度。这样的数据驱动策略不仅有助于企业识别用户痛点,还能提升客户满意度与忠诚度,使企业更好地适应市场变化。

10.5 解读数据趋势与洞察

数据趋势与洞察有助于企业通过分析历史和当前的数据,识别出潜在的模式、变化和发展方向,从而了解市场动态、消费者的行为和竞争态势,从而做出更具前瞻性的决策。文心一言能够帮助企业进行数据分析,识别关键趋势,提供深入的洞察和建议,帮助企业制定有效的战略。

【应用案例】解读用户满意度

提问

为市场研究团队解读用户满意度调查的数据趋势与洞察,重点识别影响客户忠诚度的关键因素,以支持企业改进服务和产品开发。

文心一言

解读用户满意度调查的数据趋势与洞察,特别是识别影响客户忠诚度的关键因素,对市场研究团队来说至关重要。以下是一个详细的解读框架,旨在支持企业改进服务和产品开发。
一、数据收集与整理
1. 问卷设计与收集
· 确保问卷设计涵盖服务、产品质量、价格、易用性、客户支持、品牌形象等多个方面。
· 使用多选、单选、量表(如李克特量表)等题型,收集定量和定性数据。
· 通过在线调查、电话访问、面对面访谈等方式收集数据。
2. 数据整理
· 对收集到的数据进行清洗,去除无效或重复数据。
· 将数据编码,以便进行后续分析。
……

【技巧总结】

在这个提示词案例中,"用户满意度调查"的重点主要是识别"影响客户忠诚度"的关键因素,这为文心一言提供了明确的分析目标。通过聚焦这些提示词,文心一言能够生成深入的洞察与建议,指导企业改进服务和产品开发,这样的数据分析不仅提升了企业决策的前瞻性,还能提升客户的忠诚度和满意度。

10.6 A/B测试设计与分析

A/B测试设计与分析是通过将用户随机分为两个或多个组，分别接受不同版本的产品或营销活动，以评估哪种版本效果更佳。文心一言能够帮助用户确定测试目标、选择合适的指标、设计实验组和对照组，并提供结果解读的建议。

【应用案例】在线学习平台

提问

为在线学习平台设计A/B测试，比较新推出的互动式学习模块与传统视频课程的用户参与度，分析结果以优化课程内容。

文心一言

为在线学习平台设计A/B测试，以比较新推出的互动式学习模块与传统视频课程的用户参与度，可以按照以下步骤进行。

一、确定测试目标与假设

1. 测试目标：评估新推出的互动式学习模块是否能提高用户的参与度。
2. 假设：互动式学习模块的用户参与度高于传统视频课程。

二、设计测试方案

1. 样本选择：
· 随机选择两组用户，确保两组用户在年龄、性别、学习习惯等关键属性上同质。
· 样本数量应足够大，以确保结果的稳定性和显著性。
……

【技巧总结】

在这个提示词案例中，通过比较"互动式学习模块"和"传统视频课程"的"用户参与度"，文心一言能生成具有针对性的文案，通过有效的数据解读，企业可以获得有价值的见解，从而优化课程内容，提升用户体验。

10.7 撰写数据分析报告

数据分析报告是人们对收集到的数据进行系统分析后总结的文档，旨在总结关键发现、提出见解并支持决策过程。使用文心一言撰写数据分析报告可以提高工作效率，快速生成结构化内容，确保逻辑清晰，它能帮助用户整合数据结果、分析趋势，并用简洁的语言表达复杂的信息，使报告更加专业和易于理解。

【应用案例】销售数据分析

提问

请根据以下数据生成一份数据分析报告：销售额增长20%、客户满意度提升15%、市场份额增加5%。总结主要发现，并分析原因，同时提出未来策略建议。

文心一言

> 数据分析报告
> 一、引言
> 本报告旨在深入分析公司近期关键业绩指标的变化情况，具体包括销售额增长、客户满意度提升及市场份额的增加。通过对这些数据的细致剖析，我们旨在总结主要发现，探讨背后的原因，并据此提出对未来策略的建议，以促进公司的持续、健康发展。
> 二、数据概览
> 1. 销售额增长：与去年同期相比，公司销售额实现了20%的增长。这一显著增长不仅反映了市场需求的积极态势，也体现了公司产品和服务在市场上的竞争力。
> 2. 客户满意度提升：通过客户反馈调查，我们发现客户满意度较去年提升了15%。这一提升表明公司在客户服务、产品质量和售后支持等方面取得了显著进步，提升了客户的忠诚度。
> ……

【技巧总结】

在这个提示词案例中，用户向文心一言提供了具体的数据，如"销售额增长20%""客户满意度提升15%""市场份额增加5%"，为文心一言生成报告提供了清晰的基础。聚焦这些提示词，文心一言能够快速整合数据、分析原因，并提出相关策略和建议，从而生成结构化且逻辑清晰的内容，有助于决策者迅速把握关键趋势。

10.8　分析平台数据并调整策略

分析平台数据并调整策略是指对平台中的数据进行深入挖掘，以识别趋势和问题，并据此优化业务决策。使用文心一言进行这一过程，可以加速数据分析过程，提供直观的洞察，帮助用户快速识别关键数据点。

扫码看教学视频

【应用案例】分析数据提出建议

提问

请分析以下平台数据：用户活跃度下降10%、广告点击率提升15%。总结原因，提出调整策略建议，确保提高用户留存率和广告效果。

文心一言

> 平台数据分析及调整策略建议
> 一、数据分析
> 1. 用户活跃度下降10%
> 用户活跃度下降可能源于多个方面。从用户行为分析的角度来看，可能的原因如下。
> • 内容质量或吸引力下降：用户可能因为平台提供的内容不再符合他们的兴趣或需求而减少访问。
> • 用户体验不佳：平台的导航、界面设计或功能设置可能不够友好，导致用户流失。
> • 缺乏活动或激励：缺乏足够的活动或激励措施来吸引用户持续参与。
> • 渠道或用户质量变化：可能某些渠道的流量质量下降，导致新用户留存率低，老用户也因缺乏新鲜内容而流失。
> 2. 广告点击率提升15%
> ……

【技巧总结】

在这个提示词案例中，"用户活跃度下降10%"与"广告点击率提升15%"为文心一言提供了明确的分析方向。聚焦这些提示词，文心一言能够迅速总结原因，识别潜在的问题，并生成具有针对性的调整策略与建议，从而提高企业的整体业务绩效。

第 11 章 场景 7：成为教师的得力助手

在教育领域，文心一言作为教师的得力助手，极大地提升了教学的效率和质量。本章将详细介绍如何利用文心一言设计课程大纲、制定教学建议、生成教学课件及设计课堂活动等，帮助教师提高课堂互动率及教学效果，从而激发学生的学习兴趣。

11.1　设计课程大纲

课程大纲是教学计划的核心，概述了课程的目标、内容、教学方法、评估标准及时间安排，它为教师提供了指导，帮助学生明确学习目标和期望。使用文心一言能够根据特定的主题、目标群体和学习目标设计课程大纲，优化教学效果。

【应用案例】中国古代的土地改革

步骤01 打开"一言百宝箱"窗口，❶切换至"职业"选项卡；❷单击"老师"标签，其中显示了与教学相关的指令模板；❸单击"课程大纲设计"下方的"使用"按钮，如图11-1所示。

图 11-1　单击"课程大纲设计"下方的"使用"按钮

步骤02 返回文心一言页面，在下方的文本框中显示了相关的指令模板，单击发送按钮，文心一言即可根据要求生成所需的内容，相关指令和回复内容如下。

提问

我是高中历史老师，下节课我要向学生讲中国古代土地改革方面的知识，其中涉及北魏孝文帝的均田制和王安石的方田均税法。我想通过这节课让学生对两个史实有基本的了解，最好能让学生懂得史实背后的思考。我希望学生听课的时候能表现出较高的兴致。我可以怎样设置这节课程？

文心一言

要设计一节既有趣又富有教育意义的课程，关于北魏孝文帝的均田制和王安石的方田均税法，可以遵循以下步骤来激发学生的兴趣和深入理解。

一、课程引入：设置悬念，激发兴趣

1. 故事引入：以一个简短的历史故事开场，比如讲述北魏时期农民因土地不均而生活困苦，以及北宋时期因土地兼并严重导致的社会矛盾加剧，引出土地改革的重要性。
2. 现代关联：提问学生是否了解当代社会中的土地政策，比如农村土地承包责任制，引导学生思考古今土地政策的相似之处和差异，激发他们的好奇心。
二、历史背景铺垫
1. 时间轴展示：利用时间轴简要介绍北魏和北宋的历史背景，强调这两个时期的社会经济状况，为后续的均田制和方田均税法做铺垫。
……

【技巧总结】

在这个提示词案例中，"中国古代的土地改革"明确了教学方向，包括"北魏孝文帝的均田制"和"王安石的方田均税法"，为文心一言提供了具体的框架。通过聚焦这些提示词，文心一言能够快速生成结构合理、内容全面的课程大纲。

11.2 制定教学建议

教学建议是针对特定课程或学习情境的指导性意见，旨在帮助教师优化教学策略、提高学生参与度和学习效果。文心一言能够根据课程内容和学生需求生成具有针对性的教学建议，确保教学方法与目标相一致。此外，文心一言还可以分析不同教学策略的优缺点，帮助教师选择最有效的方案。

【应用案例】初中英语课程

提问

请为初中英语课程提供教学建议，主要提高学生的口语能力。

文心一言

提高初中生的英语口语能力是英语教学的重要目标之一，有助于学生更好地理解和运用英语。以下是一些建议，旨在有效提升初中生的英语口语水平。
1. 营造积极的语言环境
· 在课堂上尽量使用英语进行教学，创造沉浸式的语言环境。
· 鼓励学生之间用英语交流，即使是简单的日常对话也能促进口语练习。
· 设立"英语角"或"英语日"，为学生提供特定时间和空间用英语自由交流。
2. 利用多媒体资源
· 利用英文歌曲、电影片段、动画片或TED演讲等多媒体材料，激发学生的兴趣并模仿地道的发音和语调。
……

【技巧总结】

在这个提示词案例中,"初中英语课程"重点关注"提高学生的口语能力",为文心一言提供了明确的目标。使用文心一言能够生成具有针对性的教学建议,设计互动式教学活动和实践机会,促进学生的口语练习,通过分析不同教学策略的优缺点,帮助教师选择最有效的方案,提升学生的参与度和学习效果。

11.3 生成教学课件

教学课件是教师在课堂上使用的多媒体材料,旨在辅助教学和提高学生的学习效果,激发学生的兴趣,使其更容易理解所学内容。文心一言能够根据教学目标和主题快速生成结构清晰、内容丰富的课件,帮助教师节省时间,同时确保课件的专业性和吸引力。

【应用案例】高中生物课程

提问

请为高中生物课程生成一份教学课件,包括细胞结构、功能和相关图示,突出重点和学习目标。

文心一言

> 高中生物课程课件:细胞的结构、功能与相关图示
> 课程标题:探索生命的基石——细胞的结构与功能
> 一、学习目标
> 1. 知识目标
> ·能够识别并命名细胞的主要结构(细胞膜、细胞核、线粒体、叶绿体、内质网、高尔基体、溶酶体、中心体等)。
> ·理解各细胞器的基本功能及其在细胞代谢中的作用。
> ·掌握动植物细胞结构的异同点。
> 2. 技能目标
> ……

【技巧总结】

在这个提示词案例中,"高中生物课程"聚焦于"细胞结构、功能和相关图示",为文心一言提供了清晰的框架。通过这些提示词,文心一言能够快速生成一份结构化的课件,突出课程重点和学习目标,帮助学生更好地理解复杂的生物学概念。

11.4 设计课堂活动

课堂活动是指在教学过程中，教师为激发学生兴趣、促进学生参与和加深理解而设计的互动性任务或练习，旨在提高学生的学习动机和效果。文心一言能够快速生成多种适合不同年龄段和学习目标的课堂活动，使课堂更加生动有趣。

【应用案例】小学数学课程

提问

请为小学数学课程设计一个互动课堂活动，主题是分数，包含小组合作和游戏元素，以提高学生的参与感和理解能力。

文心一言

> 分数互动课堂活动设计：《分数探险岛》
> 一、活动目标
> 1. 增强学生对分数概念的理解，包括分数的表示、比较大小、加减运算等。
> 2. 通过小组合作提升团队协作能力。
> 3. 利用游戏化学习提高学生的学习兴趣和参与度。
> 二、活动准备
> 1. 材料准备：彩色卡纸（制作分数卡片、岛屿地图）、马克笔、剪刀、胶水、大张白纸（绘制探险路径）、分数运算题卡、奖励贴纸或小礼物。
> 2. 场地布置：将教室一角布置成"探险岛"起点，设置几个"关卡点"（可用桌椅临时围挡并标记）。
> ……

【技巧总结】

在这个提示词案例中，"小学数学课程"强调以"分数"为课堂活动的主题，并运用了"互动""小组合作""游戏元素"等提示词，为文心一言提供了具体的活动构思方向。聚焦这些提示词，文心一言能够生成创新的课堂活动方案，结合合作学习与游戏机制，激励学生积极参与，从而提升学习效果。

11.5 推荐教学工具

教学工具是教师在课堂上辅助教学的各种资源和软件，旨在提高教学效果和学生参与度，主要包括在线学习平台、互动应用、教育游戏等。使用文心一言推荐教学工具的好处在于，它能根据教师的具体需求和课程目标，提供个性化的工具推荐。

【应用案例】小学科学课堂

提问

请推荐适合小学科学课堂的教学工具，包括互动软件和在线学习平台，并说明每个工具的主要功能和适用场景。

文心一言

针对小学科学课堂，以下是一些推荐的教学工具，包括互动软件和在线学习平台，以及它们的主要功能和适用场景。

一、互动软件

1. 矩道小学科学XR虚拟教学系统软件

· 主要功能：利用3D与虚拟现实技术辅助教学，涵盖13个学科的核心概念，包括观察类、情境创设类及VR实验探究类等资源类型。所有模型都经过3D高精度建模，支持360度无死角观察，匹配有原理动画，增加结构的拆解和组装功能。

· 适用场景：适用于小学科学课堂中的各类科学探究活动，特别是那些需要直观展示、深入观察和理解的科学实验和原理。通过虚拟仿真实验，让学生能够在极具真实的场景中进行沉浸式体验、趣味性学习。

二、在线学习平台

……

【技巧总结】

在这个提示词案例中，"小学科学课堂"明确了需要"互动软件"和"在线学习平台"，通过聚焦这些提示词，文心一言能够生成一系列适合的教学工具，说明每个工具的主要功能和适用场景。这不仅能帮助教师选择合适的资源，还能提升学生的学习体验和参与度，从而提高科学课堂的教学效果。

11.6 设计学习方案

学习方案是为实现特定学习目标而制订的系统计划，通常包括学习内容、时间安排、学习方法和评估标准。使用文心一言设计学习方案可以提高学习效率，快速生成个性化的学习计划，确保内容的针对性和系统性。文心一言还能根据学习者的需求和目标，提供多样化的学习策略和资源推荐，帮助学习者更有效地掌握知识和技能。

【应用案例】成人英语学习者

提问

请为成人英语学习者设计一份学习方案，重点包括听说能力的提升和实际应用，限800字。

文心一言

> 以下是一个为期3个月的精简版学习方案，旨在帮助学习者在短时间内取得显著进步。
> 第一阶段：基础建立（第1~4周）
> 目标：巩固英语基础，包括词汇、基本语法和发音。
> · 每日听力：利用英语学习App（如Duolingo、BBC Learning English）进行15分钟听力训练，关注发音和语调。
> · 口语模仿：选取简单的英文材料（如儿童故事、TED Talks简化版），每天跟读10分钟，模仿语音和语调。
> · 词汇积累：每天学习15个新单词，使用闪卡应用（如Anki）记忆，并在日常对话中尝试使用。
> · 语法复习：每周至少2小时，通过在线课程或教材（如《新概念英语》）复习基础语法。
> ……

【技巧总结】

在这个提示词案例中，"成人英语学习者""听说能力的提升""实际应用"等提示词，使文心一言能够生成具有针对性的学习方案，结合实际应用场景和有效的练习方法，确保方案的实用性和针对性。这种结构化的方案不仅能提高学习者的语言能力，还能增强他们在实际交流中的自信心，并提高他们交流时的流利度。

11.7 生成家长沟通模板

家长沟通模板是教师与家长之间交流的标准化文档，旨在有效传达学生的学习进展、行为表现和其他相关信息。文心一言能够根据具体情况快速创建清晰、专业的家长沟通模板，确保信息准确传达，同时帮助教师应对不同家长的需求和反馈，从而增强家庭与学校的合作关系。

【应用案例】学生学期末表现

提问

请为学生学期末表现生成一份家长沟通模板，包括学业进展、优点、待改进之处和建议的家庭支持措施。

文心一言

> 学生学期末表现家长沟通模板
> 尊敬的[家长姓名]：
> 您好！
> 随着本学期的圆满结束，我很高兴能与您分享[学生姓名]在本学期的学习与成长情况。作为[学生姓名]的[教师/班主任]，我见证了他在/她在学习、社交及个人能力发展上的点点滴滴。以下是对[学生姓名]本学期表现的总结，包括学业进展、展现出的优点、待改进之处，以及建议的家庭支持措施。
> 一、学业进展
> 本学期，[学生姓名]在[具体科目或领域，如数学、语文、英语、科学实验等]方面取得了显著的进步。通过积极参与课堂讨论、认真完成作业和复习，他/她的[具体成绩或能力提升，如考试成绩提高、解题速度加快、阅读理解能力增强等]得到了明显的提升。特别是在[具体项目或活动，如小组项目、演讲比赛、科学展览等]中，[学生姓名]展现出了良好的团队协作能力和创新思维，为班级赢得了荣誉。
> ……

【技巧总结】

在这个提示词案例中，"学生学期末表现"明确了沟通内容，包括"学业进展""优点""待改进之处""家庭支持措施"，为文心一言提供了清晰的结构，使文心一言能够快速生成一份全面且易于理解的模板，帮助教师有效传达学生的表现等信息。

11.8 增加课堂互动的方法

课堂互动的方法是指促进学生参与课堂互动和交流的各种策略，包括提问、讨论、角色扮演等，旨在提升学生的学习兴趣和理解能力。使用文心一言能够根据课程内容和学生特点，推荐适合的互动策略，从而提高课堂氛围，增强学习效果。

【应用案例】高中历史课

提问

请为一堂高中历史课设计3种增加课堂互动的方法，重点在于提高学生的参与感和讨论深度。

文心一言

> 为高中历史课堂设计增加互动、提升学生参与感和讨论深度的方法，旨在激发学生的学习兴趣，培养批判性思维，促进团队合作能力的发展。以下是3种有效的策略。
>
> 1. 角色扮演与情景模拟
>
> 方法描述：选取历史事件或人物，让学生分组进行角色扮演。例如，在讲述"二战中的国际会议"（如慕尼黑会议、雅尔塔会议）时，每个小组代表一个国家或领导人，准备立场声明、进行谈判和决策模拟。通过准备过程中的资料收集和讨论，以及课堂上的表演，学生能够深入理解各方利益、决策背后的动机及历史事件的复杂性。
>
> 实施要点：事先分配角色，鼓励学生根据角色进行深入研究；设定具体的情境和讨论目标，确保活动有焦点；表演后组织全班讨论，评价不同决策可能产生的后果，增加历史分析的深度。
>
> 2. 辩论与立场陈述
>
> 方法描述：选取具有争议性的历史话题，如"工业革命对社会的影响是利大于弊还是弊大于利""冷战期间美国是否应该采取遏制苏联的政策"，组织学生进行辩论或立场陈述。学生需收集资料、构建论点、反驳对方的观点，这不仅能提高他们的研究能力，还能锻炼逻辑思维和口头表达能力。
>
> ……

【技巧总结】

在这个提示词案例中，"高中历史课""提高学生的参与感""讨论深度"这些提示词，可以引导文心一言生成多种高中历史课堂的互动策略，例如角色扮演与情景模拟、辩论与立场陈述、历史案例分析与决策游戏等，这些方法不仅能够激励学生积极参与，还能促进学生深入思考，从而提高课堂的整体教学效果和学习体验。

第12章　场景8：成为公文写作的专家

在公文写作中，文心一言为人们提供了强大的支持，可以帮助人们提升写作效率和专业性。本章将详细介绍如何利用文心一言生成演讲稿、商务信函、述职报告等各类公文。通过文心一言，人们不仅能够快速完成公文撰写，还能确保内容准确、规范，从而提升职场各种工作效率。

12.1 生成演讲稿

演讲稿是一种为公开演讲准备的书面文本，旨在清晰地传达观点、激发听众的情感并有效沟通信息。使用文心一言生成演讲稿可以节省时间，提供多样化的表达方式，帮助用户快速构思内容，并根据特定的主题或风格进行定制。此外，文心一言能够辅助用户编辑和优化演讲稿的语言，提高演讲稿的专业性和感染力。

【应用案例】学会感恩

步骤01 打开"一言百宝箱"窗口，❶切换至"职业"选项卡；❷单击"党政机关"标签，其中显示了与党政机关相关的指令模板；❸单击"撰写演讲稿"下方的"使用"按钮，如图12-1所示。

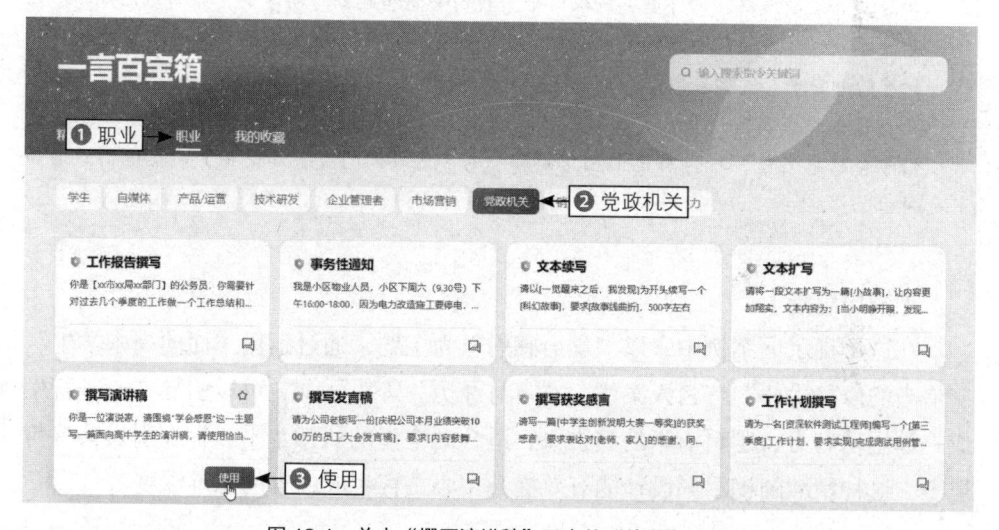

图 12-1 单击"撰写演讲稿"下方的"使用"按钮

步骤02 返回文心一言页面，在下方的文本框中显示了相关的指令模板，单击发送按钮，文心一言即可根据要求生成所需的内容，相关指令和回复内容如下。

提问

你是一位演说家，请围绕"学会感恩"这一主题写一篇面向高中学生的演讲稿，请使用恰当的修辞手法，添加丰富的名人案例和自身经历，使语言生动有力，逻辑清晰明了，引人深思。请注意，演讲稿的内容应适合高中生的年龄层次和认知水平，同时要能激发他们的共鸣和思考。

> **文心一言**
>
> 学会感恩：点亮心灵的明灯
>
> 亲爱的同学们：
>
> 大家好！
>
> 今天，我怀着无比激动的心情，站在这里与大家分享一个简单而又深刻的主题——学会感恩。感恩，是一种美德，更是一种力量，它像一盏明灯，照亮我们前行的道路，温暖我们的心灵。
>
> 我们生活在一个充满机遇和挑战的时代，每一天都在学习、成长，不断追求梦想。然而，在追求梦想的过程中，我们是否曾停下脚步，回望那些曾经帮助过我们的人，感恩那些默默支持我们的力量？
>
> 1. 感恩父母，他们是我们生命中最坚实的后盾。
>
> 当我们还在蹒跚学步时，是父母用双手扶着我们，一步步教会我们走路；当我们遇到挫折时，是父母用温暖的怀抱，一次次给予我们安慰和鼓励。同学们，你们还记得那个寒冷的冬夜，母亲为你端来的一杯热牛奶吗？还记得那个酷暑难耐的夏日，父亲为你扇风纳凉的身影吗？这些看似平凡的小事，却蕴含着父母无尽的关爱与付出。
>
> 正如著名作家莫言所说："父母在，人生尚有来处；父母去，人生只剩归途。"让我们学会感恩父母，珍惜与他们相处的每一刻，用我们的成长和进步，回报他们的辛勤付出。
>
> ……

【技巧总结】

在这个提示词案例中，以"学会感恩"为主题，通过运用"面向高中学生""恰当的修辞手法""名人案例""自身经历"等提示词，可以引导文心一言生成一篇生动有力、逻辑清晰的演讲稿，适合高中生的认知水平，旨在引发共鸣与思考，这种精准的提示词设计能有效提升文心一言生成内容的思维深度。

12.2 生成授权书

授权书是一种法律文件，授权人正式授予被授权人在特定事务上代表自己行使权利或进行决策，这类文件在商业、法律和个人事务中都十分常见，确保授权行为的合法性和有效性。文心一言能够快速生成清晰、准确的法律条款，提供多种格式的授权书模板，根据用户的具体需求和场景进行定制，这种灵活性使得用户能够轻松获取符合自身要求的授权书，减少手动输入的时间和出错的风险。

【应用案例】授权某人代为处理银行事务

提问

请生成一份授权书，授权某人代为处理银行事务，包含授权人的姓名、被授权人的姓名、授权范围和有效日期。

文心一言

> 【授权书】
> 授权日期：[填写具体日期，格式如2024年5月1日]
> 兹有授权人：
> 姓名：_____（请填写授权人全名）
> 身份证号码：_____（请填写授权人身份证号码）
> 联系方式：_____（请填写授权人联系电话或邮箱）
> 特此全权委托/授权以下被授权人代表我处理以下银行事务：
> 被授权人姓名：_____（请填写被授权人全名）
> 身份证号码：_____（请填写被授权人身份证号码，如非必要可省略）
> 联系方式：_____（请填写被授权人联系电话或邮箱）
> 授权范围：
> 1. 账户查询：允许被授权人查询本人在[具体银行名称]开设的所有账户余额及交易明细。
> 2. 资金划转：授权被授权人从本人账户向指定账户进行资金划转，具体限额及收款账户信息由被授权人根据实际需要确定，并在每次操作前以书面形式或双方认可的方式通知我确认。
> ……

【技巧总结】

在这个提示词案例中，"授权某人代为处理银行事务"提供了明确的需求，通过"授权人的姓名""被授权人的姓名""授权范围""有效日期"等提示词，使文心一言能够迅速生成一份完整且符合规范的授权书，确保信息准确和法律效力，这种结构化的提示词设计具有信息明确、条理清晰的特点，能有效提升授权书的质量。

12.3 生成放假通知

放假通知是由学校、公司或组织发布的正式公告，告知学生或员工关于放假时间、原因和相关安排的信息。这类通知旨在确保信息传达的清晰与准确，以便所有相关人员能够合理安排自己的时间和活动。文心一言可以根据具体的放假原因（如节日、自然灾害等）和受众（如学生、员工等）定制内容，使通知更加符合实际需求。

【应用案例】中秋节放假通知

提问

请生成一份中秋节放假通知，内容包括放假时间、假期安排和复工日期，适用于全体员工。

文心一言

【公司名称】2024年中秋节放假通知

尊敬的全体员工：

您好！

中秋佳节将至，根据国家关于节假日安排的通知，结合我公司的实际情况，现将2024年中秋节放假安排通知如下，请各位同事提前规划好假期安排，确保工作与生活的平衡。

一、放假时间

1. 2024年9月15日（星期日，中秋节当天）至2024年9月17日（星期二）放假调休，共计3天。

2. 9月14日（星期六）为正常工作日，请各位同事按时到岗，确保工作任务顺利完成。

二、假期安排

1. 请各部门负责人提前组织会议，明确假期前后的工作交接与安排，确保公司业务的连续性不受影响。

2. 假期期间，请大家注意个人健康与安全，与家人共度一个温馨、和谐的中秋佳节。

……

【技巧总结】

在这个提示词案例中，"中秋节放假通知"明确了所需内容，包括"放假时间""假期安排""复工日期"等提示词，这种提示词结构的优点在于信息具体、层次分明，使文心一言能够迅速生成一份符合要求的通知，确保员工容易理解和遵循。清晰的提示词设计有助于提高文心一言生成文档的专业性和可读性，从而确保通知有效地传达给全体员工。

12.4 生成商务信函

商务信函是企业或个人在商业活动中进行正式沟通的重要工具，通常用于传达信息、请求、通知或确认等。这类信函具有专业性和正式性，通常遵循特定的格式，包括发件人和收件人的信息、日期、主题、正文和结束语。

文心一言能够快速提供符合商业标准的信函模板，可以根据用户提供的主题和背景信息，智能生成定制化内容，确保信函的专业性和针对性。

【应用案例】感谢信

提问

请生成一封感谢信类型的商务信函，内容包括对客户的感谢、确认订单及交货日期，语气要正式且礼貌。

文心一言

[公司信头]

[日期]

尊敬的[客户姓名/公司名称]

主题：衷心感谢您确认订单及交货详情

我代表[您的公司名称]，特此向您致以最诚挚的感谢，感谢您对我们产品的信任与支持。在众多选择中，您青睐[您的公司名称]，这不仅是对我们品质的认可，更是对我们团队不懈努力的最大鼓舞。

我们非常高兴地确认，您于[订单日期]下达的订单（订单号：[订单号]）已成功录入我们的系统，并已开始进入生产/备货流程。您的订单中包含以下商品/服务：[简要列出商品或服务名称及数量，如"10台××型号设备""一套定制化软件解决方案"等]。

为了确保您能及时收到所需商品/服务，我们特此通知您预计的交货日期为[具体日期]。我们深知时间对于业务运营的重要性，因此已安排优先处理您的订单，力求在最短的时间内完成生产/准备，并通过[物流方式，如"快递""专线物流"]安全、准时地送达贵处。

在此期间，如有任何关于订单状态、产品规格或配送安排的疑问，欢迎随时通过以下方式联系我们：

……

【技巧总结】

在这个提示词案例中，以"感谢信"为主题，包括"对客户的感谢""订单确认""交货日期"等提示词，有助于文心一言迅速生成一封结构明确、内容全面的商务信函，确保语气正式且礼貌。清晰的提示词设计不仅提升了信函的专业性，还能有效传达关怀与诚意，从而提升客户的信任感和满意度。

12.5　生成述职报告

述职报告是员工在一定时期内向上级或相关部门汇报工作情况的重要文档，通常包括工作成绩、问题与挑战、改进措施和未来工作计划。它不仅反映了员工的工作表现，还为管理层提供了决策依据，帮助识别团队或个人的优缺点。文心一言可以分析不同的工作领域和职责，提供个性化的建议，使述职报告更加符合实际情况。

【应用案例】人力资源部经理

提问

请生成一份人力资源部经理的述职报告，内容包括过去一年的工作成果、遇到的挑战及改进措施，以及未来的工作计划。

文心一言

> 人力资源部经理述职报告
>
> 尊敬的领导、同事们：
>
> 大家好！我是人力资源部经理×××，非常荣幸在此向大家汇报过去一年我在人力资源管理方面的工作情况，包括所取得的工作成果、遇到的挑战及改进措施，以及未来的工作计划。
>
> 一、过去一年的工作成果
>
> 在过去的一年里，我与人力资源部全体同事共同努力，取得了一系列显著的工作成果。
>
> 1. 人才招聘与引进：我们成功招聘了××名新员工，其中包括××名高级管理人员和××名专业技术人员，有效满足了公司业务发展的人才需求。同时，我们还优化了招聘流程，提高了招聘效率和质量。
>
> 2. 员工培训与发展：我们组织了××次内部培训和××次外部培训，培训内容包括专业技能、团队协作、领导力等多个方面，有效提升了员工的综合素质和业务能力。此外，我们还建立了员工职业发展通道，为员工提供了更多的晋升机会和发展空间。
>
> ……

【技巧总结】

在这个提示词案例中，"人力资源部经理"指明了报告的关键主题；"过去一年的工作成果"要求总结具体成就，有助于展示经理的贡献和部门的进步；"遇到的挑战及改进措施"则强调反思和改进的重要性，促使管理者对问题进行深入分析并提出解决方案；"未来的工作计划"则提供了展望，为团队设定了明确的方向。

12.6 生成请示公文

请示公文是指单位或个人向上级或相关部门正式提出请求的书面文件，通常用于请求批准、指导或解决特定问题。请示公文的格式和内容一般较为规范，确保信息传达清晰、准确。文心一言能够根据用户提供的背景信息和请求内容，智能生成符合规范的请示公文模板，确保信息的准确性和专业性。

【应用案例】新增办公设备采购

提问

请生成一份请示公文，请求批准新增办公设备采购，内容包括设备类型、预算及采购原因，适用于行政部门。

文心一言

> 【请示公文】
> 标题：关于申请新增办公设备采购的请示
> 发文单位：××单位行政部
> 发文日期：[填写具体日期，格式如2024年××月××日]
> 主送单位：××单位领导
> 正文：
> 尊敬的××单位领导：
> 您好！
> 随着我单位业务的不断拓展和工作效率提升的需求，现有办公设备已难以满足日益增长的工作需求。为进一步提升办公效率，优化工作环境，确保各项行政工作顺利开展，现特向领导申请新增一批办公设备。具体申请内容如下。
> 一、设备类型及数量
> 1. 高性能电脑：5台。鉴于当前部分电脑配置较低，运行速度慢，影响工作效率，拟采购高性能电脑以满足数据处理、图形设计等高负荷工作需求。
> ……

【技巧总结】

在这个提示词案例中，"新增办公设备采购"明确了公文的关键内容，包括"设备类型""预算""采购原因"，这些提示词为文心一言提供了清晰的结构，有助于快速生成一份条理清晰、内容完整的请示公文。

12.7 生成批复公文

批复公文是指上级单位对下级单位提出的请示、申请或报告作出的正式回应，通常包括批准、意见、建议或指示等内容。文心一言能够根据用户提供的请示内容和背景信息，快速生成标准化的批复公文模板，确保格式和内容符合规范。

【应用案例】批复员工培训请求

提问

请生成一份批复公文，针对某单位关于员工培训申请的请求，明确批准意见、培训时间和相关要求，适用于人力资源部。

文心一言

【批复公文】
文件编号：[HR-2024-××]
标题：关于批准××单位员工培训申请的批复
发文单位：人力资源部
成文日期：2024年××月××日
主送单位：××单位
正文：
××单位：
你单位《关于开展员工培训的申请》（文件编号：××-2024-××）已收悉。经人力资源部认真审核并综合考虑公司年度培训计划及实际需求，现批复如下。
一、批准意见
原则同意你单位提出的员工培训申请。此次培训旨在提升员工专业技能，提高团队协作能力，对于促进单位业务发展具有重要意义。请严格按照既定方案执行，确保培训效果。
二、培训时间
……

【技巧总结】

在这个提示词案例中，"批准意见"是批复的核心，要求清晰表达对培训请求的认可或否定，体现管理层的决策；"培训时间"则提供具体的时间安排，确保所有相关人员对培训日程有明确的了解，这种结构化的提示词设计增强了公文的专业性。

12.8 生成员工守则

员工守则是企业为规范员工行为、提升工作效率和维护组织文化制定的一系列规章制度，而文心一言可以根据企业的具体需求和行业特点，智能生成适合的条款，确保内容的规范性和完整性，使员工守则更加切合实际。

【应用案例】IT公司员工守则

提问

请生成一份员工守则，内容包括员工行为规范、考勤制度和职业道德，适用于IT公司。

文心一言

> 员工守则
> 一、引言
> 本员工守则旨在规范IT公司全体员工的行为举止，确保高效、和谐的工作环境，促进公司文化与价值观的传承，以及维护公司与客户、合作伙伴之间的良好关系。所有员工需认真阅读并遵守以下规定，共同推动公司持续、健康发展。
> 二、员工行为规范
> 1. 尊重与沟通
> ・尊重每一位同事，无论职位高低，均保持礼貌、友善的交流态度。
> ・鼓励开放、直接地沟通，遇到问题及时提出，共同寻找解决方案。
> ……

【技巧总结】

在这个提示词案例中，"IT公司"提供了行业背景信息，而"员工行为规范""考勤制度""职业道德"这3个提示词为文心一言构建了清晰的员工守则框架，使其能够迅速生成一份内容全面、逻辑严谨的守则文档，确保信息的全面性。

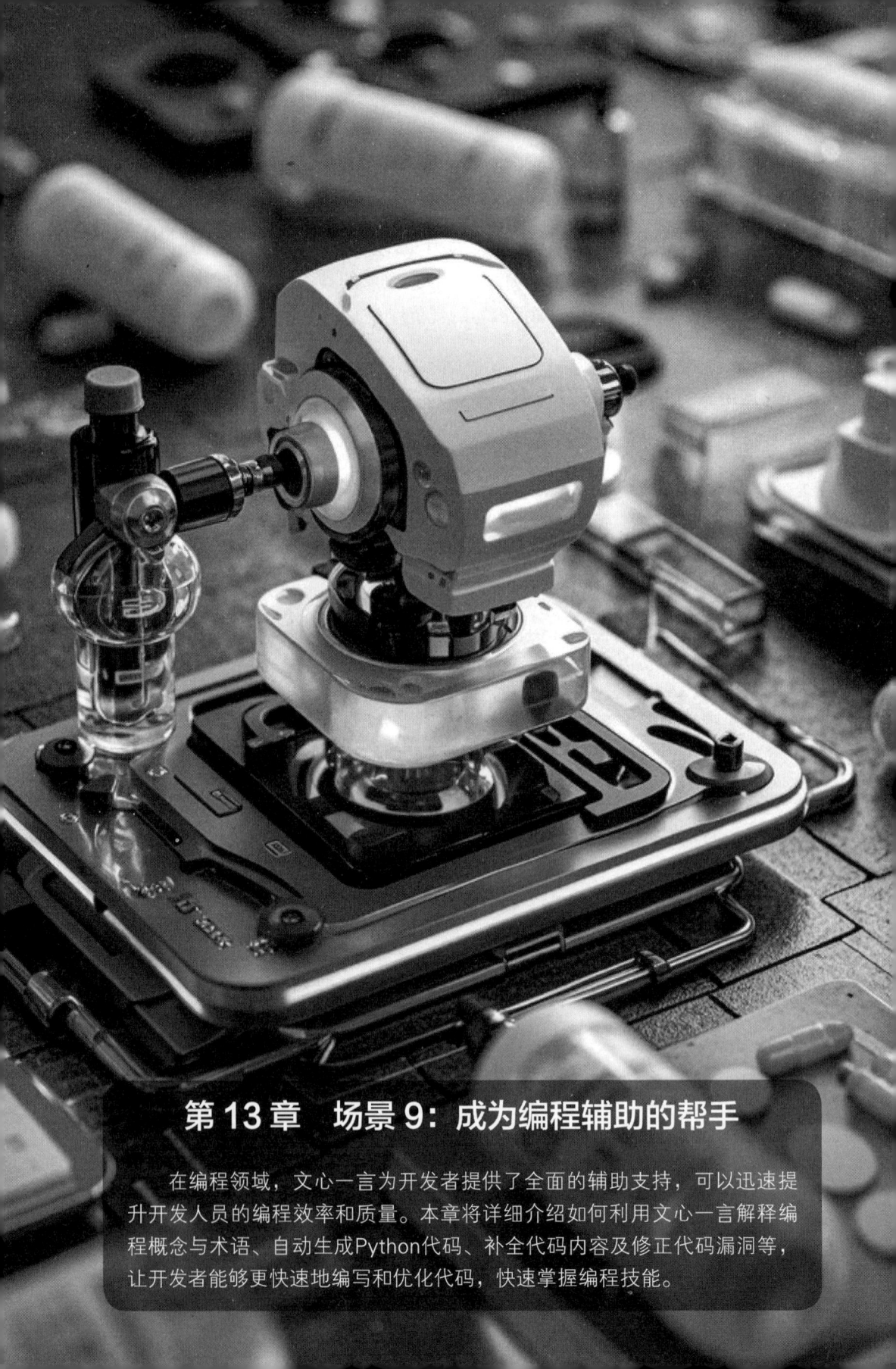

第 13 章 场景 9：成为编程辅助的帮手

在编程领域，文心一言为开发者提供了全面的辅助支持，可以迅速提升开发人员的编程效率和质量。本章将详细介绍如何利用文心一言解释编程概念与术语、自动生成Python代码、补全代码内容及修正代码漏洞等，让开发者能够更快速地编写和优化代码，快速掌握编程技能。

13.1 解释编程的概念与术语

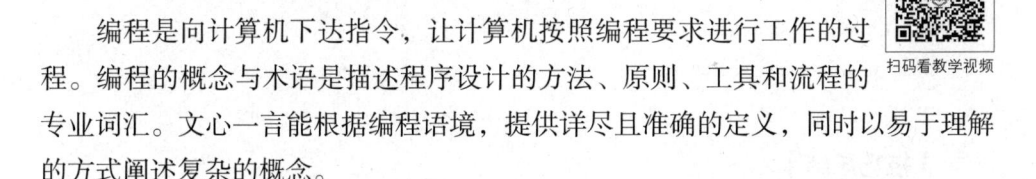

编程是向计算机下达指令，让计算机按照编程要求进行工作的过程。编程的概念与术语是描述程序设计的方法、原则、工具和流程的专业词汇。文心一言能根据编程语境，提供详尽且准确的定义，同时以易于理解的方式阐述复杂的概念。

【应用案例】C++运算符解释

步骤01 打开"一言百宝箱"窗口，❶切换至"职业"选项卡，单击"技术研发"标签，其中显示了与技术研发相关的指令模板；❷单击"C++运算符解释"下方的"使用"按钮，如图13-1所示。

图 13-1　单击"C++运算符解释"下方的"使用"按钮

步骤02 返回文心一言页面，在下方的文本框中显示了相关的指令模板，单击发送按钮，文心一言即可根据要求生成所需的内容，相关指令和回复内容如下。

提问

C++的sizeof功能解释。

文心一言

sizeof是C和C++语言中的一个操作符，用于获取对象或类型所占的内存大小（以字节为单位）。它可以用于确定数组、结构体、类、基本数据类型（如 int、char、float 等）及指针的大小。sizeof的结果是一个编译时常量，这意味着它的大小在编译时就已经确定，而不是在运行时。

一、使用方法

sizeof有两种使用方式。

1. 作用于类型：
cpp
size_t intSize = sizeof(int);
size_t charSize = sizeof(char);
……

【技巧总结】

在这个提示词案例中，"C++"明确了编程语言的范围，帮助文心一言聚焦于该语言特有的语法和功能；其次，"运算符"作为一个核心概念，指向了程序设计中用于执行计算和逻辑操作的符号或关键字，这一层面是编程的基础。

最后，"解释"一词强调了需要以简单、易懂的方式传达复杂的概念，这促使文心一言在生成内容时关注易读性和用户的理解能力。

13.2 自动生成 Python 代码

Python是一种高级编程语言，其以简洁易读的语法和强大的功能而著称，它支持多种数据类型和控制结构，并提供了丰富的库和框架，适用于数据分析、人工智能、Web开发、自动化运维等多个领域。文心一言能够基于自然语言指令生成符合编程规范的代码片段，显著减少开发人员的手动编码量。

【应用案例】生成一段Python代码

提问

创建一个简单的生产者—消费者模型的Python代码，使用线程队列实现。

文心一言

以下是一个使用Python的threading模块和queue模块实现的简单的生产者—消费者模型示例。在这个示例中，生产者线程将项目放入队列中，而消费者线程则从队列中取出项目进行处理。

```python
import threading
import queue
import time
import random
# 创建一个共享的队列
```

```
shared_queue = queue.Queue()
# 生产者线程函数
def producer(queue, num_items):
    ……
```

【技巧总结】

在这个提示词案例中，"生产者—消费者模型"指明了所需实现的特定算法或设计模式，帮助文心一言聚焦于相关的实现逻辑和设计考虑。其次，"Python代码"指示了编程语言，确保生成的代码符合Python的语法和特点，保证代码的有效性。

13.3 补全相关代码内容

补全代码是指在编程过程中，根据已有的代码片段或逻辑，补充和完善剩余的代码部分，以形成完整、可运行的程序。文心一言能够基于上下文智能推断代码意图，快速补全缺失部分，提高开发人员的编码效率。同时，文心一言还能识别并纠正潜在的代码错误，帮助开发者优化代码结构，提升代码的质量。

【应用案例】构建一个Web API接口

提问

构建一个Web API接口，处理用户登录请求。下面是已经写完的部分代码内容，请补全后续若干行。

```
from flask import Flask, request, jsonify
from werkzeug.security import check_password_hash
app = Flask(__name__)
# 假设这里有一个存储用户信息的模拟数据库
[（代码略）]
```

文心一言

为了补全这个处理用户登录请求的Web API接口，我们需要定义一个登录的路由，该路由会接收用户提交的登录信息（用户名和密码），验证这些信息，并返回相应的响应。以下是完整的代码。

```python
from flask import Flask, request, jsonify
```

```
from werkzeug.security import check_password_hash, generate_password_hash   # 导入
generate_password_hash 用于示例（实际注册时需要）
app = Flask(__name__)
# 假设这里有一个存储用户信息的模拟数据库
users = [
    {'username': 'user1', 'password_hash': 'hashed_password1'},
    {'username': 'user2', 'password_hash': 'hashed_password2'}
]
……
```

【技巧总结】

在这个提示词案例中，"Web API接口"指明了应用的类型和功能，帮助文心一言聚焦于适用于此场景的框架和库，如Flask。其次，"处理用户登录请求"明确了接口的具体功能要求，使生成的代码能够包含用户身份验证的逻辑。最后，"补全后续若干行"暗示了已有代码片段，文心一言可以基于上下文推断出需要添加的逻辑部分，如用户信息验证、错误处理和响应返回等。

13.4　对代码进行详细注释

文心一言可以对开发者提供的代码片段进行智能分析，并尝试以易于理解的方式阐述该代码的功能、逻辑或运行过程。这一功能对新手开发者来说尤为有用，因为它可以帮助他们更好地理解和学习复杂的代码结构；同时，对于经验丰富的开发者，它也能作为一个快速检查或验证代码逻辑的工具。

【应用案例】解释代码内容

提问

SELECT * FROM users WHERE last_active_date >= CURDATE() – INTERVAL 30 DAY
这是一段什么代码？

文心一言

这段代码是一条SQL（Structured Query Language）查询语句，用于从数据库中检索信息。具体来说，这条语句的目的是从名为users的数据库表中选择（或检索）所有列的数据，但仅限于那些其last_active_date（最后活跃日期）在当前日期之前30天内的用户。让我们分解一下这条语句的各个部分。

- SELECT *：表示选择或检索表中的所有列。*是一个通配符，代表所有列。
- FROM users：指定了要从中检索数据的表名，即users表。
- WHERE last_active_date >= CURDATE() - INTERVAL 30 DAY：这是一个条件子句，用于过滤结果集。它只包括那些满足特定条件的行。
- last_active_date：这是users表中的一个列名，代表用户的最后活跃日期。
- >=：这是一个比较运算符，表示"大于或等于"。
- CURDATE()：这是一个SQL函数，返回当前的日期（不包括时间部分）。

……

【技巧总结】

这个提示词提供了清晰的上下文，能够帮助文心一言准确理解和注释这段代码，使其自动生成准确且易于理解的注释。这些注释不仅能清晰地阐述代码的作用、参数及返回值，还能揭示代码背后的业务逻辑和算法思想，极大地提升了代码的可读性。

13.5 解决代码中的常见问题

在开发中遇到技术难题时，可直接向文心一言提问，它能够实时响应开发者的问题，迅速提供精准的解决方案或有益建议，从而帮助开发者快速克服障碍。这一功能使开发者无须中断工作流程或离开IDE环境，去搜索引擎上漫无目的地寻找答案，极大地提升了开发人员的工作效率和解决问题的速度。

【应用案例】如何实现相关功能

提问

如何实现通过用户手机号与验证码登录功能？

文心一言

实现通过用户手机号与验证码登录功能涉及多个步骤，包括发送验证码、验证验证码、存储验证码状态和用户信息，以及处理登录请求。以下是一个基本的步骤，适用于Web和移动应用。

一、用户请求发送验证码

1. 前端：用户输入手机号并点击"获取验证码"按钮。
2. 后端：
- 接收手机号。

- 生成一个随机的验证码（如6位数字）。
- 将验证码与手机号关联，并存储到一个临时数据库或缓存中（如Redis），同时设置一个有效期（如5分钟）。
- 通过短信服务（如阿里云短信服务、腾讯云短信服务等）发送验证码到用户手机。
- 返回发送成功的响应给前端。

二、用户输入验证码并请求登录……

三、示例代码（简化版）……

【技巧总结】

在这个提示词案例中，关键提示词"用户手机号"和"验证码登录功能"明确指向了特定的功能需求，文心一言可以根据这些提示词，迅速识别出开发者希望实现的目标和相关技术，从而帮助开发者快速获得可行的解决方案。

13.6 将代码翻译为 JavaScript 语言

使用文心一言将代码翻译为JavaScript语言的优势在于其高效性、准确性与集成的便利性。文心一言能实时响应用户的翻译需求，迅速将代码从其他的语言类型转换为JavaScript语言，显著提升开发人员的工作效率。文心一言强大的自然语言处理能力确保了代码翻译的准确性，能够减少因语言差异导致的错误。

【应用案例】翻译代码语言

提问

请将下面这段代码翻译为JavaScript语言：
SELECT * FROM users WHERE last_active_date >= CURDATE() – INTERVAL 30 DAY

文心一言

要将SQL查询语句翻译成JavaScript代码，特别是当涉及数据库查询时，通常需要使用某种数据库访问库或ORM（对象关系映射）工具。在Node.js环境中，常用的数据库访问库之一是mysql或mysql2。以下是一个使用mysql2库的示例代码。

```javascript
const mysql = require( 'mysql2' );
// 创建数据库连接
const connection = mysql.createConnection({
    host: 'your_database_host',
```

```
user: 'your_database_user',
password: 'your_database_password',
database: 'your_database_name'
......
```

【技巧总结】

在这个提示词案例中,"翻译为JavaScript语言"清晰地指向了具体的操作需求,即将SQL查询语句转换为JavaScript语言,这一明确的请求使文心一言能够迅速理解用户的意图,其强大的自然语言处理能力能够准确识别SQL的逻辑,并生成相应的JavaScript代码,确保功能的完整性。

13.7 修正代码中的漏洞或错误

修正代码中的漏洞或错误是软件开发过程中重要的一环,旨在确保代码的正常运行和安全性。程序中的漏洞可能导致应用崩溃、性能下降或安全隐患,因此及时发现并修复这些问题至关重要。文心一言能够快速分析代码内容,识别代码中潜在的错误和漏洞,并提供有针对性的修复建议,帮助开发者理解问题的根源。

【应用案例】检查并修正代码

提问

请检查下面这段代码,是否有漏洞,如果有问题,该如何修正?
```
def is_palindrome(s):
    half_length = len(s) // 2
    return s[:half_length] == s[-half_length:][::-1]
```

文心一言

您提供的代码用于检查一个字符串是否是回文(即正读和反读都相同的字符串)。代码的基本逻辑是正确的,但有一点可以优化以提高效率和清晰度。

问题在于您使用s[-half_length:][::-1]来反转字符串的后半部分。这里的s[-half_length:]是获取从后半部分开始的整个子字符串,然后再通过[::-1]反转它。虽然这可以工作,但我们可以直接通过切片来避免额外的步骤和可能的性能开销。

优化后的代码如下:

python
def is_palindrome(s):

```
        half_length = len(s) // 2
        # 直接比较前半部分和后半部分反转后的结果
        return s[:half_length] == s[len(s) - half_length:][::-1]
……
```

【技巧总结】

在这个提示词案例中,"漏洞"和"问题"两个提示词强调了文心一言审查的重点是识别并修正代码中的潜在问题,使其注重代码的安全性。"如何修正"一词要求文心一言提供具体的解决方案,详细阐述代码的修复步骤,确保开发者能够清晰地理解并实施修正建议,这些提示词有助于文心一言生成准确且针对性强的代码修正方案。

13.8 提供编程学习资源与教程

编程已成为现代职业发展的核心技能,越来越多的人希望通过学习编程提升自身的竞争力,丰富的学习资源和系统化的教程能够帮助学习者掌握编程知识,从而更好地适应市场需求。文心一言利用其人工智能技术,能够提供丰富的编程学习材料,包括视频教程网站、代码实例和实践项目,以满足不同水平学习者的需求。

【应用案例】推荐运行Python代码的平台

提问

请推荐一些常见的、免费的、可直接在线运行Python代码的平台。

文心一言

以下是一些常见的、免费的、可直接在线运行Python代码的平台。
1. Repl.it
简介:这是一个基于Web的多语言在线IDE,支持Python和许多其他编程语言。用户可以在这个平台上直接编写、运行和分享代码。
2. Ideone
简介:这是一个在线编程环境,支持Python 2和Python 3,用户可以在多种编程语言中运行和分享代码。它还能直接从GitHub、Bitbucket等平台导入代码。
3. PythonAnywhere
简介:PythonAnywhere提供了一个完整的Python开发环境,包括一个在线的Python解释器、编辑器、数据库等,用户可以在这里编写和运行Python代码,无须在自己的计算机上安装Python。

4. Trinket

简介：Trinket是一个在线的代码编辑器，支持Python等多种编程语言。用户可以在这里编写代码，实时查看运行结果，还可以分享自己的项目。

……

【技巧总结】

在这个提示词案例中，"在线运行Python代码的平台"清晰地指明了用户的需求，即寻找可用的平台。"免费的"一词强调了用户对经济实惠选择的偏好，进一步缩小了文心一言可推荐平台的范围。这种明确的提示词，让文心一言能够迅速聚焦于推荐适合的在线工具，确保推荐结果具有实用性和高效性。

第14章 场景10：成为直播带货大咖

在直播带货行业的快速发展中，文心一言为主播们提供了强大的支持，帮助提升直播效果和销售转化率。通过运用文心一言，主播能够轻松生成直播带货脚本，制定有效的促销策略，从而提升观众的参与感和忠诚度。接下来介绍如何运用文心一言的AI技术，成为直播带货专家。

14.1 生成直播带货脚本

直播带货脚本是直播前的重要准备，它详细规划了直播的流程、产品介绍、互动环节、优惠信息等，确保直播内容连贯、有序，并有效引导观众购买。文心一言能快速整合产品信息和消费者偏好，生成既符合品牌调性又具有吸引力的直播脚本内容，提升观众参与度和购买意愿，助力直播带货效果最大化。

【应用案例】度度保温杯

步骤01 打开"一言百宝箱"窗口，❶切换至"场景"选项卡；❷单击"营销文案"标签，其中显示了与营销文案相关的指令模板；❸单击"短视频带货脚本"下方的"使用"按钮，如图14-1所示。

图 14-1 单击"短视频带货脚本"下方的"使用"按钮

步骤02 返回文心一言页面，在下方的文本框中显示了相关的指令模板，单击发送按钮，文心一言即可根据要求生成所需的内容，相关指令和回复内容如下。

提问

现在你是一位带货一哥，你需要根据我给出的商品信息撰写一段直播带货口播文案。
你需要放大商品的亮点价值，激发购买欲。
接下来是这款商品的信息：
商品名称：[度度保温杯]
商品亮点：[大容量、保温性能好、便携性强]

文心一言

各位亲爱的宝宝们，大家好！你们最期待的带货一哥又来啦！今天，我手中这款产品，绝对是你冬日里不可或缺的小确幸——"度度保温杯"！

> 首先，咱们聊聊这大容量！哎呀，这可不是一般的"大"，足足能满足你从早到晚的水分需求。不管是早晨一壶浓郁的咖啡，还是全天候的养生茶水，一杯在手，滋润全天候！告别频繁加水的烦恼，让你的每一天都活力满满，效率翻倍！
> 再来说说它的保温性能，简直是"温暖如初"的代名词！采用高科技真空断热技术，无论是炎炎夏日的冰爽饮料，还是寒冬腊月热腾腾的暖汤，都能保持原汁原味，温度持久锁鲜。早上泡的茶，到了下午依然暖胃暖心，就像我对你们的爱，永远不减温！
> ……

【技巧总结】

文心一言中的指令模板和结构化设计，可以确保直播脚本内容条理清晰、易于执行，降低了主播准备的压力。除此之外，借助文心一言的实时更新能力，主播可以迅速调整脚本内容以适应市场变化，增强观众的代入感，促进其购买。通过这些优势，文心一言为直播带货提供了高效、专业的脚本支持，助力企业提升销售业绩。

14.2 策划直播活动的主题与内容

直播活动通常以特定主题为核心，如护肤品销售、农产品销售、节日庆典或文化推广等，内容则涵盖产品介绍、互动问答、文化讲解、限时优惠等，旨在吸引观众并促进销售或文化传播。文心一言能基于大数据和算法，快速生成符合品牌特点和目标用户需求的直播活动主题与内容，大大节省了人力成本。

【应用案例】护肤产品

提问

请策划一场护肤品的直播活动主题与内容。

文心一言

> 直播活动主题：
> "水嫩肌肤，从这里开始——秋季护肤大作战"
> 直播活动内容与流程策划：
> 一、活动预热（5分钟）
> 1. 开场白：主播热情洋溢地欢迎观众，简短地介绍自己，并告知今天的直播主题——"水嫩肌肤，从这里开始——秋季护肤大作战"。
> 2. 互动环节：引导观众在评论区留言，分享自己的秋季护肤心得或遇到的肌肤问题，如

干燥、敏感、细纹等，挑选几个有代表性的问题进行解答，增强观众的参与感。
……

【技巧总结】

在这个提示词案例中，"护肤品"作为核心提示词，直接指明了直播活动的主题范畴，为文心一言提供了明确的文案创作方向，促使文心一言在策划时考虑用户的护肤知识、购买偏好及互动习惯，以生成更具吸引力的直播内容和互动环节，有效提升直播活动的观看率与转化率。

14.3 设计精彩的产品展示环节

在直播带货中，精彩的产品展示环节能够有效吸引观众的注意力，突出产品的独特卖点，从而增强观众的购买意愿。通过生动的展示方式，如细致的产品讲解、实物演示和场景应用，能够帮助观众更好地理解产品功能和价值，提高转化率。文心一言能基于海量数据和知识，为用户生成精准、生动的产品展示和描述内容。

【应用案例】农产品直播

提问

请设计一场农产品直播的产品展示环节。

文心一言

产品展示环节
1. 开场介绍：简短介绍本次直播的主题、目的及将要展示的农产品种类，设置直播间的互动规则（如点赞、评论抽奖等）。
2. 逐一展示：
・实物展示：将农产品逐一拿到镜头前，展示其外观、颜色、大小等，强调新鲜度和品质。
・细节特写：使用微距镜头展示农产品的细节，如水果的表皮纹理、蔬菜的叶片厚度，增强观众的视觉体验。
・现场试吃：主播现场品尝农产品，描述口感、味道，分享食用建议，增强产品的吸引力。
・产地故事：讲述农产品的种植或制作过程，分享背后的故事，如农民的辛勤劳动、环保种植理念等，增强情感连接。
……

【技巧总结】

在这个提示词案例中,"农产品直播"作为核心提示词,为文心一言的文案生成提供了明确的方向。这种极简的提示词指引,使文心一言能够快速、高效地产出符合目标受众需求的产品展示内容,从而提高直播的整体效果。

14.4 创建吸引观众的开场白

在直播中,一个引人入胜的开场白能迅速抓住观众的注意力,激发他们的兴趣,从而提高观看率和参与度,营造良好的氛围。使用文心一言能够生成富有创意和吸引力的开场内容,易于引起共鸣,迅速拉近与观众的距离,有效提升观众的积极性。

【应用案例】健身产品直播

提问

请为一场健身产品直播生成一段吸引观众的开场白,激发观众的参与兴趣。

文心一言

> 大家好,欢迎各位活力四射、追求健康生活的朋友们,踏进我们这场燃爆全场的健身产品直播盛宴!想象一下,清晨的第一缕阳光穿透云层,而你正以一种前所未有的能量和自信,迎接新的一天。是不是已经迫不及待想要拥有那份由内而外的活力与光彩了?
>
> 今天,直播间的各位参加的不仅仅是一场直播,也是一次蜕变之旅的起点,更是你我共同探索健康、塑造完美体态的秘密花园!在接下来的时间里,我将带领大家揭秘那些让健身达人爱不释手、效果惊人的神奇健身神器。从智能健身镜——让你在家就能享受私人教练一对一指导的奢华体验,到高科技穿戴设备——精准记录你的每一次进步,让汗水不再白流,再到那些小巧却强大的便携式健身工具,无论是出差还是旅行,都能让你的健身计划不间断!
>
> 不论你是健身小白,还是资深爱好者,这里都有适合你的宝藏产品,让你的健身之路更加高效、有趣!我们不仅会讲产品,更会分享科学的健身知识,实用的训练技巧,让你在享受乐趣的同时,见证自己的惊人变化!
>
> ……

【技巧总结】

在这个提示词案例中,"健身产品"作为主题,为开场白提供了情境依据;"吸引观众的开场白"明确了文心一言的目标,促使文心一言在创作时采用鼓励性和激励性的语言,进一步刺激观众的参与欲望,提升直播的吸引力。

14.5 生成促销活动和优惠策略

在直播中,促销活动和优惠策略能够吸引观众注意,通过限时折扣、满减、赠品等促销活动,可以在直播间中营造紧迫感,提升直播带货的参与度。文心一言能够精准分析直播间中观众的兴趣和需求,迅速生成更具吸引力和有针对性的促销活动和优惠策略,从而有效提升直播的效果。

【应用案例】"蓝牙耳机"

提问

请生成一份蓝牙耳机的促销活动方案,包括直播时的限时折扣、买赠策略和抽奖环节等。

文心一言

蓝牙耳机的促销活动方案

1. 直播限时折扣
- 开场秒杀:在直播开始前10分钟,推出限量版蓝牙耳机,以极低的价格秒杀,吸引大量观众进入直播间。
- 时段特惠:每半小时设置一个"黄金时段",在该时段内购买指定蓝牙耳机型号享受额外10%~20%的折扣。
- 整点福利:每个整点提供几款热门耳机进行限时特价,持续时间5分钟,营造抢购热潮。

2. 买赠策略
- 基础买赠:活动期间,购买任意一款蓝牙耳机,即赠送定制版耳机收纳盒一个。
- 阶梯赠礼:消费满500元,额外赠送无线充电器一个;消费满1000元,除上述赠品外,再加赠品牌专属音乐会员一个月。
- 套装特惠:推出耳机+耳机保护套+音乐播放器组合套装,享受总价直降优惠。

……

【技巧总结】

在这个提示词案例中,"限时折扣""买赠策略""抽奖环节"为文心一言提供了具体的框架和方向,鼓励观众快速做出购买决策。这种结构化的提示词设计使文心一言能够在生成内容时,针对不同的促销策略进行灵活组合,从而创造出更具吸引力的活动方案,有效提升直播的互动性和销售转化率。

14.6 提升直播互动率与观众参与感

提升直播互动率与观众参与感能够显著增强观众的沉浸体验,增加观众观看的乐趣,从而提高观众的留存率和购买意愿。通过实时互动,如提问、投票和抽奖,主播可以有效地与观众建立情感连接,提升品牌的忠诚度。此外,互动还能帮助主播更好地了解观众的需求,及时调整内容和策略,增强直播效果。

【应用案例】直播互动方案

提问

请生成一份直播互动方案,包括观众提问环节、实时投票和抽奖活动。

文心一言

直播互动方案
一、活动概述
本直播互动方案旨在提升观众的参与度,增强直播的互动性,通过观众提问、实时投票及抽奖活动等形式,促进主播与观众之间的交流与互动,营造活跃的直播氛围。此方案适用于各类直播场景,如产品发布会、教育培训、娱乐直播、线上会议等。
二、观众提问环节
1. 提问收集方式
· 弹幕提问:鼓励观众通过直播平台自带的弹幕功能发送问题,主播可视情况即时回答或先记录稍后解答。
· 问卷表单:在直播前或直播过程中发布在线问卷,收集观众关于特定主题的问题或意见,主播选取代表性问题进行解答。
· 微信群/QQ群互动:建立直播专属互动群,观众可在群内提前或在直播中提交问题,由管理员筛选后转达给主播。
……

【技巧总结】

在这个提示词案例中,"观众提问环节""实时投票""抽奖活动"这些提示词共同构建了一个综合的互动策略,确保文心一言生成的方案既具有吸引力又能够有效地刺激观众的参与热情,增强直播的吸引力和互动性,提升整体直播效果。

14.7 制订后续宣传与跟进计划

在直播中，制订后续宣传与跟进计划至关重要，因为它能确保与观众的持续互动，巩固品牌的影响力，并推动销售转化。通过精确的跟进计划，可以保持观众对产品的关注，促进潜在客户向实际购买者转变，提高客户的忠诚度。文心一言能够根据直播数据和观众的反馈，提供定制化的宣传策略，帮助企业精准定位目标客户群。

【应用案例】爱心助农直播

提问

请生成一份爱心助农直播的后续宣传与跟进计划，包括直播后的邮件营销策略、社交媒体推广和客户反馈收集。

文心一言

> 爱心助农直播后续宣传与跟进计划
> 一、直播后的邮件营销策略
> 1. 明确目标群体：通过直播数据分析，确定最活跃和最有购买潜力的用户群体。根据用户购买历史和偏好，定制个性化的邮件内容。
> 2. 优化邮件主题和内容：邮件主题简洁明了，包含直播亮点和优惠信息，激发用户的好奇心。邮件内容包含直播回顾、精选产品推荐、用户评价和优惠券等，提供有价值的信息。
> 3. 个性化设计：在邮件中使用用户的名字，并根据用户的购买历史推荐相关产品。使用专业、美观的邮件模板，确保邮件在各种设备上都能良好地显示。
> 4. 呼吁行动：包含一个清晰、突出且易于操作的呼吁行动按钮，如"立即购买"或"了解更多"。提供明确的优惠信息和截止日期，激励用户采取行动。
> 5. 测试与优化：进行A/B测试，比较不同的邮件设计、主题行和发送时间的效果。根据测试结果调整邮件策略，优化用户参与度。
> ……

【技巧总结】

在这个提示词案例中，"邮件营销策略""社交媒体推广""客户反馈收集"这些提示词，共同构成了一个完整的后续宣传和跟进计划，确保文心一言生成的内容不仅具备实用性，还能有效促进品牌与用户之间的互动和关系维护。通过结构化的提示词，文心一言能够快速输出符合营销目标的方案，提升直播活动的整体效果。

14.8 分析竞争对手的直播策略

分析竞争对手的直播策略有助于企业了解市场趋势、消费者偏好和行业最佳实践，从而优化自身的直播方案。文心一言可以快速整理和分析竞争对手的直播内容、观众互动和销售转化数据，提供深入的洞察。通过对比分析，文心一言能揭示出有效的策略和潜在的改进方向，帮助企业制定更具针对性的直播计划。

【应用案例】美食产品

提问

在美食产品的直播带货中，请分析主要竞争对手的直播策略，包括他们的内容类型、互动方式和销售效果。

文心一言

在美食产品的直播带货领域，主要竞争对手的直播策略各有千秋，这些策略涵盖了内容类型、互动方式和销售效果等多个方面。以下是对这些方面的详细分析。

一、内容类型

1. 多样化美食展示：竞争对手可能会选择多样化的美食进行展示，包括家常菜、地方特色菜、高端料理等，以满足不同观众的口味偏好。有些主播还会通过剧情化的方式展示美食制作过程，增加观看的趣味性和代入感。

2. 探店与试吃：竞争对手可能会进行探店直播，展示餐厅的环境、菜品质量和服务水平，同时与观众分享试吃体验。这种内容类型能够吸引对美食文化感兴趣的观众，并提高线下餐厅的流量和销量。

3. 健康饮食与营养搭配：竞争对手还可能注重健康饮食和营养搭配方面的内容，如推荐低脂、低糖、高蛋白等健康食材和食谱。这种内容类型能够吸引注重健康生活的观众，并推动健康食品的销售。

……

【技巧总结】

在这个提示词案例中，"竞争对手的直播策略""内容类型""互动方式""销售效果"这些提示词为文心一言提供了一个全面的分析框架。通过这些提示词，文心一言能够生成具有深度和广度的市场分析，帮助企业识别竞争优势和改进机会，从而优化自己的直播策略，提升直播销售的效果。